人工智能
培养系列

人工智能
概论

（微课版）

王军 | 主编

人民邮电出版社

北 京

图书在版编目（CIP）数据

人工智能概论：微课版 / 王军主编. -- 北京：人
民邮电出版社，2024.5
（人工智能人才培养系列）
ISBN 978-7-115-62674-5

Ⅰ．①人… Ⅱ．①王… Ⅲ．①人工智能－概论 Ⅳ．
①TP18

中国国家版本馆CIP数据核字(2023)第175132号

内 容 提 要

本书是编者在总结近年来的教学实践和科研成果，融合国内外人工智能领域前沿技术的基础上编写
而成的一本基础、实用的人工智能概论类课程的教材，通过对人工智能的历史、发展、应用等方面的介
绍，使读者对人工智能有更深入的认识和了解。

本书内容丰富，分为 4 篇。第 1 篇介绍人工智能基础，包括绪论、知识表示、自动推理、搜索策略
等；第 2 篇介绍人工智能热点技术，包括机器学习、深度学习、自然语言处理、图像处理、智能计算等；
第 3 篇介绍人工智能技术应用，包括智慧交通、智能机器人、智慧航空、智慧生态保护等；第 4 篇介绍
人工智能安全关切及未来展望，包括人工智能安全、元宇宙与人工智能和人工智能发展趋势等。

本书可作为高等院校人工智能、大数据和计算机相关专业人工智能概论类课程的教材，也可供相关
专业的工程技术人员参考。

◆ 主　编　王　军
　　责任编辑　祝智敏
　　责任印制　王　郁　陈　犇

◆ 人民邮电出版社出版发行　　北京市丰台区成寿寺路 11 号
　　邮编　100164　电子邮件　315@ptpress.com.cn
　　网址　https://www.ptpress.com.cn
　　固安县铭成印刷有限公司印刷

◆ 开本：787×1092　1/16
　　印张：14.25　　　　　　2024 年 5 月第 1 版
　　字数：262 千字　　　　 2024 年 10 月河北第 2 次印刷

定价：59.80 元

读者服务热线：(010)81055256　印装质量热线：(010)81055316
反盗版热线：(010)81055315
广告经营许可证：京东市监广登字 20170147 号

前　言

党的二十大报告明确指出，"推动战略性新兴产业融合集群发展，构建新一代信息技术、人工智能、生物技术、新能源、新材料、高端装备、绿色环保等一批新的增长引擎"。人工智能，是引领新一轮科技革命和产业变革的关键技术，是全球科技竞争的制高点。

本书系统地阐述人工智能的基本原理、热点技术和技术应用，比较全面地反映国内外人工智能领域的最新进展和研究动态。

本书将"人工智能"划分为4篇，共16章。

第1篇：人工智能基础，介绍人工智能的基础理论，包括4章（第1～4章），第1章简要介绍人工智能相关概念、基础、发展历程、研究及应用。第2～4章阐述人工智能的基本原理，包括经典的知识表示、自动推理和搜索策略。

第2篇：人工智能热点技术，介绍人工智能的高级理论与技术，包括5章（第5～9章），主要涉及机器学习、深度学习、自然语言处理、图像处理、智能计算等人工智能热点技术。

第3篇：人工智能技术应用，介绍人工智能从诞生以来，其理论和技术日益成熟，应用领域不断扩大，包括4章（第10～13章），分别介绍人工智能技术在智慧交通、智能机器人、智慧航空、智慧生态保护方面的应用。

第4篇：人工智能安全关切及未来展望，介绍人工智能安全、元宇宙与人工智能的关系，以及人工智能对人类的影响与我们对未来的展望，包括3章（第14～16章）。第14章论述人工智能安全方面的问题，第15章探讨元宇宙与人工智能的关系，第16章介绍人工智能发展趋势。

本书带有*号的部分可以作为选学内容，教师可以根据教学计划进行调整。每章的思考题可以作为课后练习。

本书采用逐层深入的策略编写，以满足不同专业的取舍、不同层次的教学研究的需求，具有下列特点。

（1）科学性。全面阐述人工智能的基础理论，力求概念正确，有效结合求解智能问题的数据结构及算法实现。

（2）实用性。根据人工智能实际应用需求，安排知识表示、自动推理、机器学习、深度学习、自然语言处理等内容，并通过例题讲解解题方法。

（3）先进性。尽可能吸收最新的研究成果，反映人工智能在智慧交通、智能机器人、智慧航空、智慧生态保护等方面的应用。

（4）可读性。文字表述力求通俗易懂，文笔流畅，使读者易于理解所学内容。在内容安排上力求由浅入深，循序渐进。

本书包含编者近年的教学实践和科研成果，也吸取了国内外同类教材和有关文献的精华，在此谨向这些教材和文献的作者表示感谢，也向提供帮助的李玲玲教授、陈宇教授、王红梅教授、王永庆副教授、杨勇副教授、赵雪专副教授、赵学武博士、陈广智博士、王超梁讲师、张科德硕士、白智慧硕士、高梓勋硕士，在读硕士研究生付红静、马小越、孙豪等老师和同学表示感谢。特别感谢郑州航空工业管理学院的大力支持。因为他们的大力支持，本书才能够与读者见面。

由于编者水平有限，加之人工智能发展迅速，书中不妥之处在所难免，诚恳地希望专家和读者提出宝贵意见（联系邮箱：zzwjun@126.com），以帮助本书改进和完善。

王军

2022 年 10 月于郑州

目　录

第1篇　人工智能基础

第1章　绪论 …………………… 1

1.1　人工智能相关概念 …………… 2
　　1.1.1　智能的概念 ……………… 2
　　1.1.2　智能的特征 ……………… 3
　　1.1.3　人工智能的定义 ………… 3
1.2　人工智能基础 ………………… 4
1.3　人工智能发展历程 …………… 5
　　1.3.1　孕育阶段 ………………… 5
　　1.3.2　形成阶段 ………………… 6
　　1.3.3　发展阶段 ………………… 7
1.4　人工智能研究及应用 ………… 8
1.5　小结 …………………………… 9
思考题 ……………………………… 10

第2章　知识表示 ……………… 11

2.1　知识与知识表示 ……………… 12
　　2.1.1　知识的概念 ……………… 12
　　2.1.2　知识的特性 ……………… 12
　　2.1.3　知识表示的概念 ………… 12
2.2　一阶谓词逻辑 ………………… 13
　　2.2.1　命题 ……………………… 13
　　2.2.2　谓词 ……………………… 14
　　2.2.3　谓词公式 ………………… 15
　　2.2.4　一阶谓词逻辑知识表示方法 …… 16
　　2.2.5　一阶谓词逻辑表示法的特点 … 17
2.3　产生式表示法 ………………… 17
　　2.3.1　产生式的概念 …………… 18
　　2.3.2　产生式系统的组成 ……… 19
　　2.3.3　产生式表示法的特点 …… 20
2.4　框架表示法 …………………… 21
　　2.4.1　框架的一般结构 ………… 22

2.4.2　框架表示法的推理形式 …… 22
2.5　小结 …………………………… 23
思考题 ……………………………… 23

第3章　自动推理 ……………… 24

3.1　自动推理的基本概念 ………… 24
　　3.1.1　推理的定义 ……………… 24
　　3.1.2　推理的方式及分类 ……… 25
　　3.1.3　推理方向 ………………… 27
　　3.1.4　冲突消解策略 …………… 29
3.2　归结原理 ……………………… 31
　　3.2.1　鲁宾逊归结原理 ………… 31
　　3.2.2　归结反演 ………………… 33
　　3.2.3　应用归结原理求解问题 … 33
3.3　不确定性推理 ………………… 34
　　3.3.1　不确定性推理的概念 …… 34
　　3.3.2　可信度方法 ……………… 37
　　3.3.3　证据理论 ………………… 38
　　3.3.4　贝叶斯方法 ……………… 39
3.4　小结 …………………………… 39
思考题 ……………………………… 40

第4章　搜索策略 ……………… 41

4.1　搜索 …………………………… 42
　　4.1.1　搜索的概念 ……………… 42
　　4.1.2　搜索中需要解决的基本问题与
　　　　　搜索的主要过程 ………… 42
　　4.1.3　搜索策略的分类 ………… 42
4.2　盲目搜索 ……………………… 43
　　4.2.1　回溯策略 ………………… 43
　　4.2.2　宽度优先搜索 …………… 43
　　4.2.3　深度优先搜索 …………… 44
　　4.2.4　最好优先搜索 …………… 44
4.3　启发式搜索 …………………… 45

4.3.1　启发式策略 ⋯⋯⋯⋯⋯⋯ 45
4.3.2　启发信息和估价函数 ⋯⋯ 46
4.3.3　A搜索算法 ⋯⋯⋯⋯⋯⋯ 46
4.3.4　A*搜索算法及其特性分析 ⋯ 47
4.4　状态空间搜索 ⋯⋯⋯⋯⋯⋯⋯ 48
4.5　与或树搜索 ⋯⋯⋯⋯⋯⋯⋯⋯ 50
4.6　小结 ⋯⋯⋯⋯⋯⋯⋯⋯⋯⋯⋯ 51
思考题 ⋯⋯⋯⋯⋯⋯⋯⋯⋯⋯⋯⋯ 51

第 2 篇　人工智能热点技术

第 5 章　机器学习 ⋯⋯⋯⋯⋯⋯⋯ 52
5.1　机器学习与机器智能 ⋯⋯⋯⋯ 53
5.1.1　机器学习的基本概念 ⋯⋯ 53
5.1.2　机器学习的发展历史 ⋯⋯ 53
5.1.3　学习系统的基本模型 ⋯⋯ 54
5.2　机器学习模型的类型和应用 ⋯ 54
5.3　监督学习与无监督学习 ⋯⋯⋯ 56
5.3.1　支持向量机 ⋯⋯⋯⋯⋯ 57
5.3.2　k 近邻 ⋯⋯⋯⋯⋯⋯⋯ 58
5.3.3　朴素贝叶斯 ⋯⋯⋯⋯⋯ 58
5.3.4　集成分类——Bagging 算法、随机森
　　　林算法与 Boosting 算法 ⋯ 59
5.3.5　k 均值聚类算法 ⋯⋯⋯⋯ 61
5.4　小结 ⋯⋯⋯⋯⋯⋯⋯⋯⋯⋯⋯ 63
思考题 ⋯⋯⋯⋯⋯⋯⋯⋯⋯⋯⋯⋯ 63

第 6 章　深度学习 ⋯⋯⋯⋯⋯⋯⋯ 64
6.1　深度学习概述 ⋯⋯⋯⋯⋯⋯⋯ 65
6.1.1　深度学习概念与基本思想 ⋯ 65
6.1.2　深度学习基本结构 ⋯⋯⋯ 66
6.1.3　深度学习框架 ⋯⋯⋯⋯⋯ 66
6.1.4　深度学习适用领域 ⋯⋯⋯ 68
6.2　卷积神经网络 ⋯⋯⋯⋯⋯⋯⋯ 68
6.2.1　卷积层 ⋯⋯⋯⋯⋯⋯⋯ 69
6.2.2　激活层 ⋯⋯⋯⋯⋯⋯⋯ 69
6.2.3　卷积神经网络结构 ⋯⋯⋯ 70
6.2.4　池化层 ⋯⋯⋯⋯⋯⋯⋯ 73
6.2.5　批规范化 ⋯⋯⋯⋯⋯⋯ 73

6.2.6　丢弃层 ⋯⋯⋯⋯⋯⋯⋯ 74
6.2.7　全连接层 ⋯⋯⋯⋯⋯⋯ 75
6.3　典型神经网络模型 ⋯⋯⋯⋯⋯ 75
6.3.1　全卷积网络 ⋯⋯⋯⋯⋯ 75
6.3.2　结构更深的卷积网络 ⋯⋯ 76
6.3.3　残差网络 ⋯⋯⋯⋯⋯⋯ 77
6.3.4　密集连接卷积网络 ⋯⋯⋯ 77
6.3.5　生成对抗网络 ⋯⋯⋯⋯⋯ 78
6.4　强化学习 ⋯⋯⋯⋯⋯⋯⋯⋯⋯ 79
6.4.1　强化学习的基本原理与模型 ⋯ 79
6.4.2　强化学习的主要特点 ⋯⋯ 81
6.4.3　强化学习的应用 ⋯⋯⋯⋯ 81
6.5　迁移学习 ⋯⋯⋯⋯⋯⋯⋯⋯⋯ 82
6.5.1　迁移学习概述 ⋯⋯⋯⋯⋯ 82
6.5.2　迁移学习分类 ⋯⋯⋯⋯⋯ 82
6.6　小结 ⋯⋯⋯⋯⋯⋯⋯⋯⋯⋯⋯ 83
思考题 ⋯⋯⋯⋯⋯⋯⋯⋯⋯⋯⋯⋯ 84

第 7 章　自然语言处理 ⋯⋯⋯⋯⋯ 85
7.1　自然语言处理概述 ⋯⋯⋯⋯⋯ 85
7.1.1　自然语言处理含义 ⋯⋯⋯ 86
7.1.2　自然语言处理的功能应用 ⋯ 86
7.1.3　自然语言处理的层次 ⋯⋯ 88
7.1.4　自然语言处理技术 ⋯⋯⋯ 88
7.2　智能问答系统 ⋯⋯⋯⋯⋯⋯⋯ 90
7.2.1　问答系统的主要组成 ⋯⋯ 91
7.2.2　问答系统的分类 ⋯⋯⋯⋯ 93
7.2.3　问答系统案例 ⋯⋯⋯⋯⋯ 94
7.3　聊天机器人 ⋯⋯⋯⋯⋯⋯⋯⋯ 95
7.3.1　聊天机器人的分类 ⋯⋯⋯ 96
7.3.2　聊天机器人的自然语言理解 ⋯ 97
7.4　语音识别 ⋯⋯⋯⋯⋯⋯⋯⋯⋯ 98
7.4.1　语音识别系统 ⋯⋯⋯⋯⋯ 99
7.4.2　语音识别的过程 ⋯⋯⋯⋯ 100
7.4.3　语音识别应用过程中的四大
　　　挑战 ⋯⋯⋯⋯⋯⋯⋯⋯ 101
7.5　机器翻译 ⋯⋯⋯⋯⋯⋯⋯⋯⋯ 102
7.5.1　机器翻译原理与过程 ⋯⋯ 102

7.5.2　通用翻译模型·········103

7.6　小结·············104

思考题·············104

第8章　图像处理·······105

8.1　图像处理·········106

8.1.1　灰度直方图校正·····106

8.1.2　图像的噪声·······108

8.1.3　图像增强········110

8.1.4　图像平滑········111

8.1.5　图像锐化········116

8.2　图像边缘检测与分割·····123

8.2.1　图像的边缘检测·····123

8.2.2　图像分割········127

8.2.3　典型图像分割算法····128

8.3　图像目标检测·······132

8.3.1　图像分类········133

8.3.2　目标定位········134

8.3.3　目标检测········136

8.3.4　图像融合········137

8.4　图像理解·········138

8.4.1　基于图像的情感计算···138

8.4.2　图像异常行为分析····139

8.5　小结·············140

思考题·············140

第9章　智能计算·······141

9.1　进化算法的产生与发展····142

9.1.1　进化算法的概念·····142

9.1.2　进化算法的生物学背景··143

9.1.3　进化算法的设计原则···143

9.2　遗传算法·········144

9.2.1　遗传算法的基本思想···145

9.2.2　遗传算法的特点·····146

9.3　群体智能算法·······146

9.4　粒子群优化算法······148

9.5　小结·············150

思考题·············150

第3篇　人工智能技术应用

第10章　智慧交通·······152

10.1　智慧交通系统定义及架构··152

10.2　智慧交通系统······153

10.3　人工智能在智慧交通领域的应用··154

10.4　小结············156

思考题·············156

第11章　智能机器人······157

11.1　机器人与行为智能····157

11.2　智能技术应用······159

11.3　智能无人装备······165

11.3.1　无人机········165

11.3.2　无人车········166

11.3.3　无人船········166

11.4　小结············167

思考题·············167

*第12章　智慧航空·······168

12.1　数据角度的航空大数据定义和组织结构·········168

12.2　系统角度的航空大数据定义和组织结构·········170

12.3　关键技术········171

12.3.1　采集技术·······171

12.3.2　存储管理技术·····173

12.3.3　预处理技术······174

12.3.4　智能分析技术·····175

12.3.5　虚拟仿真与可视化技术··176

12.4　小结············177

思考题·············177

第13章　智慧生态保护·····178

13.1　黄河流域资源现状····178

13.2　面临的主要问题·····179

13.2.1　生态保护缺乏空天地一体化管理·········179

13.2.2　缺乏全样本生态大数据··180

13.3 人工智能技术促进生态保护和高质量
发展 ·· 181
  13.3.1 全流域一体化智能管理 ·········· 181
  13.3.2 健全供水区水资源智能
     管控 ··· 181
  13.3.3 人工智能在综合防汛体系上的
     应用 ··· 182
13.4 空天地一体化大数据及智能分析平台
构建 ·· 182
  13.4.1 平台框架 ···························· 183
  13.4.2 平台技术架构研究 ·············· 184
  13.4.3 平台关键技术 ···················· 186
  13.4.4 平台的应用 ······················· 189
13.5 小结 ·· 191
思考题 ·· 191

第4篇 人工智能安全关切及未来展望

第14章 人工智能安全 ······················ 192
14.1 人工智能安全内涵 ·························· 193
14.2 人工智能安全体系架构 ·················· 193
14.3 人工智能内生安全 ························· 194
14.4 人工智能助力安全 ························· 195
  14.4.1 物理智能安防监控 ·············· 196
  14.4.2 智能入侵检测 ···················· 197
  14.4.3 恶意代码检测与分类 ··········· 197
  14.4.4 对抗机器学习 ···················· 198
14.5 人工智能衍生安全 ························· 198
14.6 小结 ·· 198
思考题 ·· 199

第15章 元宇宙与人工智能 ·············· 200
15.1 元宇宙 ·· 201
  15.1.1 元宇宙的概念 ···················· 201
  15.1.2 元宇宙的发展过程 ·············· 201
  15.1.3 元宇宙的核心技术 ·············· 203

15.2 人工智能成为元宇宙的核心生产
要素 ·· 205
  15.2.1 元宇宙的后端基建 ·············· 205
  15.2.2 算力和数据是元宇宙的关键
     要素 ··· 205
  15.2.3 认知智能是元宇宙发展重要驱动
     因素之一 ·································· 206
  15.2.4 人工智能成为新生产要素 ······· 207
15.3 人工智能赋能元宇宙 ····················· 208
  15.3.1 人工智能成为元宇宙的技术
     引擎 ··· 208
  15.3.2 人工智能加速元宇宙的内容
     生成 ··· 208
  15.3.3 人工智能驱动的虚拟数字人丰富
     元宇宙的体验 ·························· 209
  15.3.4 人工智能与数字孪生 ··········· 210
  15.3.5 人工智能加快元宇宙产业链
     构建 ··· 211
15.4 小结 ·· 211
思考题 ·· 212

第16章 人工智能发展趋势 ·············· 213
16.1 人工智能行业发展趋势 ·················· 213
  16.1.1 国内外发展现状 ················ 213
  16.1.2 人工智能产业链 ················ 214
  16.1.3 人工智能产业化性价比显著
     提高 ··· 214
16.2 人工智能行业人才需求 ·················· 215
  16.2.1 人工智能企业运营模式 ········ 215
  16.2.2 人工智能技术人才体系 ········ 215
  16.2.3 人工智能企业人才供需现状 ···· 216
16.3 人工智能知识体系 ························· 216
16.4 小结 ·· 217
思考题 ·· 218

参考文献 ··· 219

第1篇　人工智能基础

第1章
绪论

党的二十大报告提出："以国家战略需求为导向,集聚力量进行原创性引领性科技攻关,坚决打赢关键核心技术攻坚战"。人工智能(artificial intelligence,AI)作为一门在哲学、数学、经济学、神经科学、心理学、计算机科学等多门学科的研究成果基础上发展起来的交叉学科,其发展已经走过了60余年的历程,已成为高新技术的代名词、"黑科技"的代表。

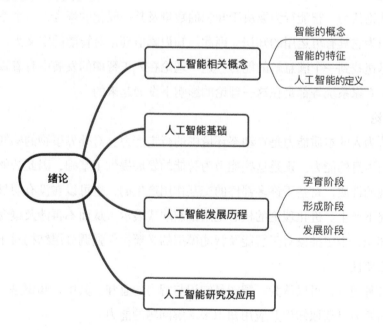

1.1 人工智能相关概念

1.1.1 智能的概念

近年来，随着脑科学、神经生理学等研究的进展，人们对人脑的结构和功能有了初步认识，但对整个神经系统的内部结构和作用机制，特别是人脑的功能原理还没有认识清楚，有待进一步探索。因此，我们不完全了解人类自己的智能，即便只是给智能下一个定义，也很难。

目前，根据对人脑已有的认识，结合智能的外在表现，研究者从不同的角度，用不同的方法对智能进行说明，其中影响较大的观点有思维理论、知识阈值理论及进化理论等。

1. 思维理论

思维理论认为，智能的核心是思维，人的一切智能都来自人脑的思维活动，人类的一切知识都是人类思维的产物，因而对思维规律与方法的研究有望揭示智能的本质。

2. 知识阈值理论

知识阈值理论认为，智能行为取决于知识的数量及其一般化的程度，一个系统之所以有智能，是因为它具有可运用的知识。因此，知识阈值理论对智能的定义为，在巨大的搜索空间中迅速找到一个满意解的能力。这一理论在人工智能的发展中有着重要的影响，知识工程、专家系统等都是在这一理论的影响下发展起来的。

3. 进化理论

进化理论认为人的本质能力是在动态环境中的行走能力、对外界事物的感知能力、维持生命和繁衍生息的能力。正是这些能力为智能的发展提供了基础，因此智能是某种复杂系统所浮现的性质，是基于许多部件的交互作用产生的，也可以在没有明显的推理系统出现的情况下产生。进化理论的核心是用控制取代表示，从而不再涉及概念、模型及显式表示的知识，否定抽象对于智能及智能模拟的必要性，强调分层结构对于智能进化的可能性与必要性。

综合上述各种观点，可以认为：智能是知识与智力的总和。其中，知识是一切智能行为的基础，而智力是获取知识并应用知识来求解问题的能力。

1.1.2 智能的特征

智能具有如下显著的特征。

1. 感知能力

感知能力是指通过视觉、听觉、触觉、嗅觉、味觉等感知外部世界的能力。感知是人类获取外部信息的基本途径，人类的大部分知识都是通过感知获取，然后经过人脑加工获得的。如果没有感知，人们就不可能获得知识，也不可能引发各种智能活动。因此，感知是产生智能活动的前提。

2. 记忆与思维能力

记忆与思维是人脑最重要的功能，是人有智能的根本原因。记忆用于存储由感知器官（简称感官）所感知的外部信息，以及由思维所产生的知识；思维用于对记忆的信息进行处理，即利用已有的知识对信息进行分析、计算、比较、判断、推理、联想及决策等。思维是动态过程，是获取知识及运用知识求解问题的根本途径。

3. 学习能力

学习是人的本能，是人类智慧最重要的方面。人人都通过与环境的相互作用不断地学习，从而积累知识，适应环境的变化。学习既可能是自觉的、有意识的，也可能是不自觉的、无意识的；学习既可以是在教师指导下进行的，也可以是通过自己实践进行的。

4. 行为能力

人们通常用语言或者表情、眼神及肢体动作对外界的刺激做出反应，传达某个信息。这些称为行为能力或表达能力。如果把人们的感知能力看作信息输入能力，那么行为能力就可以看作信息输出能力，它们都受到神经系统的控制。

1.1.3 人工智能的定义

"人工智能"一词最初是在 1956 年美国达特茅斯（Dartmouth）会议上被提出的。从那以后，研究者们提出和验证了众多理论和原理，人工智能的概念也随之丰富起来。人工智能是在当前科学技术迅速发展及新思想、新理论、新技术不断涌现的形势下产生的一门学科，也是一门涉及哲学、数学、经济学、神经科学、心理学、计算机科学等的交叉学科。人工智能的发展虽然已走过了半个多世纪的历程，但是对人工智能至今尚无统一的定义。美国斯坦福大学人工智能研究中心的尼尔森（Nilsson）教授对人工智能下了这样一个定义："人工智能是关于知识的学科——怎样表示知识及怎样获得知识并使用知识的科学。"而美国麻省理工学院的温斯顿（Winston）教授认为："人工智能就是研究如何使计算机去做过去只有人才能做的智能工作。"这些说法反映出人工智能学科的基本思想和基本内容，即人工智能主要研究人类智能活动的规律，构造具有一定智能的人工系统，研究如何让计算机去完成以往需要人的智力才能胜任的工作，也就是研究如何应用计算机的软硬件来模拟人类某些智能行为的基础理论、方法和技术。

人工智能的一个比较流行的定义，也是该领域最初的定义，是由当时麻省理工学院的麦卡锡（McCarthy）在 1956 年的达特茅斯会议上提出的："人工智能就是要让机器的行为看起来就像是人所表现出的智能行为一样。"另一个定义是："人工智能是人造机器所表现出来的智能。"总体来讲，目前对人工智能的定义大多可划分为 4 类，即机器的"类人思维""类人行为""理性思维""理性行为"。

1.2　人工智能基础

人工智能的发展历程中涉及大量的学科。按照不同的功能，可以粗略地将其所涉及的学科分为 3 部分：第 1 部分是为人工智能提供重要假设和概念的学科，比如控制论和经济学；第 2 部分是致力于研究现阶段及未来人工智能发展的学科，比如心理学和哲学；第 3 部分则是为人工智能的实现提供工具的学科，包括数学、语言学、神经科学和计算机科学。人工智能作为多学科交叉的领域，有双层含义。

第一层含义是人工智能本身的发展需要多门学科的理论、知识与技术的支撑。近些年，人工智能正在从传统意义上的计算机科学的一个分支向独立的学科发展。人工智能的根本在于智能的本质，而智能的研究本身又涉及诸多学科，即人工智能与众多学科有着极强的关联性。因此，从学科角度来看，人工智能是一门建立在广泛学科交叉研究基础上的新兴学科。

第二层含义是人工智能与大量的传统学科交叉融合，会不断产生新的学科分支，甚至会逐渐形成和发展出一些全新的学科，还可能会颠覆、重塑传统学科的理念和体系。

从自然科学、社会科学到数学、医学、管理学等，几乎所有的学科都可以与人工智能相互交叉、渗透和融合。按照"人工智能+X 学科"的模式，人工智能与传统医学、教育学、管理学、艺术学、社会学、军事学的交叉融合，将会形成智能医学、智能教育学、智能管理学、智能艺术学、智能社会学、智能军事学等新兴学科和专业。电子、机械、计算机科学等传统工科与人工智能的交叉会形成智能电子学、智能机械学、智能计算机科学、智能机器学、人机融合学等新学科或新工科方向/分支。

　　总之，人工智能将会成为各学科融合的"黏合剂"。人工智能交叉学科的研究会激发、拓展全球范围内的人工智能应用，并会从制造业、农业、医学、教育到艺术、人文、法律、媒体等领域，全面推动人类社会在文化、经济等方面快速进步，进而形成人类未来科学技术爆发的"奇点"。人工智能多学科交叉会形成人类前所未有的"大科学"，这一成果给人类带来的影响将远远超过其他科学成果在过去几十年对世界的影响，并产生改变甚至颠覆人类传统世界的巨大力量。这种改变必然会激发人类全新的世界观和无穷的创造力，重构甚至颠覆人类的科学研究方式，以及生活、学习方式甚至社会、文化的发展模式。

1.3　人工智能发展历程

　　人工智能自作为一门新兴学科的名称被正式提出以来，已成为人类科学技术中一门充满生机和希望的前沿学科。到目前为止，人工智能的发展大致经历了 3 个阶段：孕育阶段（1956 年之前）、形成阶段（1956—1969 年）、发展阶段（1970 年至今）。

1.3.1　孕育阶段

　　人工智能的孕育阶段大致可以认为在 1956 年之前。在这段漫长的时期中，数理逻辑、自动机理论、控制论、信息论、仿生学、电子计算机、心理学等科学技术的发展为后续人工智能的诞生奠定了思想、理论和物质基础。该时期的主要贡献如下。

　　公元前 4 世纪，古希腊哲学家亚里士多德（Aristotle）在《工具论》中提出了形式逻辑的一些主要定律，为形式逻辑奠定了基础，特别是他的三段论，至今仍是演绎推理的基本依据。

　　1642—1964 年，法国数学家帕斯卡（Pascal）发明了第一台机械计算器——加法器，开创了计算机械时代。此后，德国数学家莱布尼茨（Leibniz）在其基础上发展并制成了可进行四则运算的计算器，他提出了"通用符号"和"推理计算"的概念，使形式逻辑符号化。这一思想为数理逻辑及现代机器思维设计奠定了基础。

　　1854 年，英国逻辑学家布尔（Boole）在《思维法则》一书中首次用符号语言描述了思维活动的基本推理原则，这种新的逻辑代数系统被后世称为布尔代数。

1936 年，英国数学家图灵（Turing）提出了一种理想计算机的数学模型，即图灵机。这为电子计算机的问世奠定了理论基础。

1943 年，美国心理学家麦卡洛克（McCulloch）和数理逻辑学家皮茨（Pitts）提出了第一个神经网络模型——M-P 神经元模型。他们总结了神经元的一些基本生理特性，提出了神经元形式化的数学描述和网络的结构方法，为开创神经计算时代奠定了坚实的基础。

1945 年，美国数学家冯·诺依曼（Von Neumann）提出了存储程序的概念。

1946 年，美国数学家莫奇利（Mauchly）和埃克特（Eckert）成功研制第一台通用计算机 ENIAC（中文名埃尼阿克），为人工智能的诞生奠定了物质基础。

1948 年，美国数学家香农（Shannon）发表了《通信的数学理论》论文，标志着信息论的诞生。

1948 年，美国数学家维纳（Wiener）创立了控制论。这是一门研究和模拟自动控制的人工和生物系统的学科，标志着根据动物心理和行为学科进行计算机模拟研究的基础已经形成。

1950 年，图灵发表论文《计算机器与智能》，提出了著名的图灵测试。该测试大致内容如下：询问者与两个匿名的交流对象（一个是计算机，另一个是人）进行一系列问答，如果在相当长的时间内，他无法根据这些问题判断这两个交流对象哪个是人，哪个是计算机，那么可以认为该计算机具有与人相当的智力，即这台计算机具有智能。

在 20 世纪 50 年代，计算机的应用仅局限于数值计算，例如弹道计算。但 1950 年，香农完成了人类历史上第一个下棋程序，开创了非数值计算的先河。此外，麦卡锡、纽厄尔（Newell）、西蒙（Simon）、明斯基（Minsky）等人提出以符号为基础的计算。这些成就使得人工智能作为一门独立的学科成为一种不可阻挡的历史趋势。

1.3.2　形成阶段

1956 年夏季，由麻省理工学院的麦卡锡与明斯基、美国 IBM 公司信息研究中心的罗切斯特（Rochester）、贝尔实验室的香农共同发起邀约，请 IBM 公司的莫尔（More）和塞缪尔（Samuel）、麻省理工学院的塞尔弗里奇（Selfridge）和所罗门诺夫（Solomonoff），以及美国兰德公司和美国卡内基梅隆大学的纽厄尔和西蒙等 10 人在达特茅斯学院召开了一次历时两个月的机器智能的研讨会，会上正式采用了"人工智能"这一术语，用它来代表有关机器智能这一研究方向，标志着人工智能作为一门新兴学科的正式诞生。

在机器学习方面，塞缪尔于 1954 年研制了能自学习的跳棋程序。1959 年该程序击败了塞缪尔，1962 年该程序又击败了一个州的冠军。

在定理证明方面，美籍华人数学家王浩于 1958 年在计算机上仅用了 3～5 分钟就证明了《数学原理》中有关命题演算的全部 220 个定理；1965 年鲁宾逊（Robinson）提出了消解原理，为定理的机器证明做出了突破性的贡献。

在问题求解方面，1960 年纽厄尔等人在心理学实验的基础上，总结了人们求解问题的思维规律，编制了一种不依赖具体领域的通用问题求解程序——GPS（general problem solver，通用解题者），可以用来求解 11 种不同类型的问题。

在专家系统方面，1965—1968 年，美国斯坦福大学的费根鲍姆（Feigenbaum）领导的研究小组开展了 DENDRAL 专家系统的研究。该专家系统能根据质谱仪的实验，通过分析推理决定化合物的分子结构，其能力相当于化学专家的水平。在这一时期发生的一个重大事件是 1969 年成立了国际人工智能联合会议（International Joint Conference on Artificial Intelligence，IJCAI），它标志着人工智能这门新兴学科已得到了世界范围的认可。

1.3.3　发展阶段

从 20 世纪 70 年代开始，人工智能的研究进入高速发展时期，世界各国纷纷开展对人工智能领域的研究工作。至 20 世纪 70 年代末，人工智能研究遭遇了一些重大挫折，在问题求解、人工神经网络等方面遇到许多问题，这些问题使人们对人工智能研究产生了质疑。这些质疑使得人工智能研究者们开始反思。终于，在 1977 年召开的第五届国际人工智能联合会议上提出了知识工程的概念。此后，知识工程兴起，并产生了大量的专家系统，这些专家系统在各种领域中获得了成功应用。随着时间的推移，专家系统的问题逐渐暴露出来，知识工程发展遭遇困境。这动摇了传统人工智能物理符号系统对于智能行为是充分必要的基本假设，从而促进了联结主义和行为主义智能观的兴起。随后，大量神经网络和智能主体方面的研究取得极大进展。

人工智能的发展可以分为以下几个阶段。

规则驱动型人工智能阶段：人工智能系统主要通过预先设定的规则和程序来进行计算和决策，如早期的国际象棋程序。

机器学习型人工智能阶段：人工智能系统可以通过学习和训练获得更广泛的知识和技能，例如人脸识别、语音识别和推荐算法等。

深度学习型人工智能阶段：人工智能系统可以通过深度学习架构处理更复杂和抽象的任务，例如图像和视频处理、自然语言理解和自然语言生成等。

自我进化型人工智能阶段：人工智能系统可以根据所获得的数据和反馈自我完善和演进，并不断提高自己的性能和能力。

超级人工智能阶段：一个远期的目标，指人工智能能够超越人类智慧和思维的级别，并具备自我意识和自我理解能力，从而可以完全独立地进行决策和行动。

总之，从上述人工智能的发展历程可以看出，人工智能的发展经历了曲折的过程，但也取得了许多成就。随着计算机网络技术和信息技术的不断发展，人工智能领域的研究也将拥有更大的发展空间。相信在未来，分布式人工智能和智能系统间的通信、交互、协作等方面的研究将给人工智能带来新的飞跃。

1.4　人工智能研究及应用

随着算力、数据、算法等要素逐渐齐备，先进的算法结构不断涌现，各个研究方向的研究成果不断突破，成熟的人工智能技术逐渐向代码库、平台和系统发展，实现产业和商业层面的落地，人工智能发展迈向新的阶段。

在人工智能研究方面，人工智能基础理论逐渐成形，研究者对于超级人工智能的发展路径，以及深度学习模型基础理论有了更深刻的见地。在 GPT-3 的影响下，一大批参数规模更大、训练数据量更为惊人、性能表现更强、通用任务更丰富的模型涌现出来。ChatGPT 是一种基于生成式预训练转换器（generative pre-trained transformer，GPT）模型的对话生成系统。它采用了深度学习的模式，通过预训练技术和对话生成技术，可以自动生成符合上下文语境和用户需求的回复。ChatGPT 被广泛应用于智能客服、智能个人助理、聊天机器人等领域。通过不断学习和优化，ChatGPT 可以不断提高对话质量和准确性，为用户提供更加符合他们需求的回复。在芯片领域，将生物大脑与芯片结合，以电子元器件为基础的传统芯片不断改进以实现更高的性能和更低的功耗，存算一体芯片设计快速发展，产品化步伐加快，人工智能辅助设计芯片成为新趋势。

对于信息检索领域，预训练模型有望形成基于 Web 大模型的新型信息检索范式。同时，认知神经科学研究对启发人工智能研究起到了不可忽视的作用，脑机接口等新型技术也逐渐从实验室走向应用。

基于超大规模智能模型的开放平台对于研发先进算法和模型非常重要，它极大降低了应用的研发门槛，使超大规模智能模型快速进入落地阶段；同时，面向复杂任务和基础科研的数据集和基准层出不穷。人工智能算力基础设施已成为世界各国超算领域关注的发展重点，更大规模的人工智能超算集群落地，有助于在大尺度条件下探索人工智能的性能边界，并支持人工智能在国家战略和国民社会经济等领域实现新突破。

在人工智能应用方面，已经渗透到几乎所有领域，以下是一些最新的应用。

医疗保健：人工智能可以帮助医生对患者的病情进行更准确的评估和诊断，从而提高治疗效果和预后准确性；同时，人工智能还可以为医疗保健提供智能化的药品管理和病历管理系统，提高医疗效率。

金融服务：人工智能可以帮助金融机构进行信用评估、欺诈检测、风险管理等；同时，人工智能还可以为消费者提供智能化的投资建议、财务规划、自动化交易等。

零售业：人工智能可以通过分析消费者的购买行为和偏好，提供个性化的推荐和营销服务；同时，人工智能还可以为零售业提供智能化的库存管理和物流管理系统，提升效率和降低成本。

智慧交通：人工智能可以实现智能化的交通流量监控和优化，降低交通拥堵和事故发生的概率；同时，人工智能还可以为汽车提供智能化的驾驶辅助和自动驾驶功能，提高交通安全水平，推动节能减排。

娱乐产业：人工智能可以通过分析用户的兴趣和偏好，为用户提供个性化的内容推荐和互动体验；同时，人工智能还可以为娱乐产业提供智能化的内容创作和制作工具，提高娱乐产品的制作效率和质量。

越来越多的科学家利用人工智能和机器学习进行科学问题研究。随着人工智能和深度学习的不断扩展和进步，在超级计算机和分布式计算网络上运行它们的复杂性也在增加。AI for Science 的新兴领域逐渐形成，物理学、材料学、生物学等学科已成为人工智能的下一应用领域，人工智能在推动科学研究和智能产品服务进步等方面将起到更加重要的作用。

1.5　小　　结

本章首先讨论了什么是人工智能。人工智能是研究可以理性地思考和执行动作的计算模型的学科，它是人类智能在计算机上的模拟。人工智能作为一门学科，其发展经历了孕育、形成和发展 3 个阶段，并且还在不断地发展。尽管人工智能也创造出了一些实用系统，但我们不得不承认这些成果远未达到人类的智能水平。

随着计算机技术的快速发展，人工智能的研究近几年来也取得了很多新的进展，例如数据挖掘、网络信息过滤等都是新兴的研究领域。随着科学技术的发展，人工智能各研究领域间的联系将更加紧密，互相渗透，这种融合与渗透必将促进人工智能研究的发展，促使其走向实际应用。

人工智能基础拓展阅读

思 考 题

1.1　什么是人工智能？它的研究目标是什么？

1.2　简述人工智能的发展所经历的阶段及对应的特点。

1.3　请列举人工智能研究的主要应用领域。

1.4　人工智能作为一门学科，你认为其今后应该向怎样的方向发展？

第2章
知识表示

知识表示研究用什么形式将有关问题的知识存入计算机以便进行处理，是人工智能研究最活跃的领域之一。众所周知，无论是问题和系统的任务描述还是经验知识的表示以至推理决策，都离不开知识。因此，研究知识的表示方式是人工智能的中心任务之一。

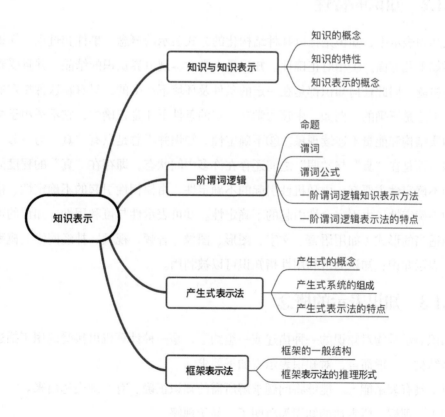

2.1 知识与知识表示

2.1.1 知识的概念

数据是记录信息的符号，是信息的载体和表示。信息是对数据的解释，是数据在特定场合下的具体定义。知识是人们在长期的社会实践、科学研究及实验中积累起来的对客观世界的认识与经验，人们把实践中获得的信息关联在一起，就获得了知识。一般来说，知识是信息接收者通过对信息的提炼和推理而获得的正确结论，是人对自然世界、人类社会及思维方式和运动规律的认识与掌握，是人的大脑通过思维重新组合和系统化的信息集合。

2.1.2 知识的特性

在知识表示中，知识是指以某种结构化的方式表示的概念、事件和过程。知识的特性包括如下几方面。①相对正确性。知识是人类对客观世界认识的结晶，并且受到长期实践的检验。因此任何知识都是在一定的条件及环境下产生的，只有在这种特定的条件及环境下才是正确的。例如，牛顿力学在一定的条件下才是正确的，它不适用于微观领域中物质结构和能量不连续现象。②不确定性。知识并不总是只有"真"与"假"这两种状态，而是在"真"与"假"之间还存在许多中间状态，即存在"真"的程度问题。知识的不确定性主要有：由随机性引起的不确定性、由模糊性引起的不确定性、由经验引起的不确定性、由不完全性引起的不确定性。③可表示性与可利用性。知识的可表示性指用适当的形式（如用语言、文字、图形、图像、音频、视频、神经网络、概率图模型等）表示知识；知识的可利用性指知识可以被利用。

2.1.3 知识表示的概念

知识表示是指对知识的一种描述或一组约定，是一种计算机可接受的用于描述知识的数据结构。一般而言，对知识表示有如下要求。

（1）具有表示能力。能够将问题求解所需的知识正确、有效地表达出来。

（2）可理解。所表达的知识简单明了，易于理解。

（3）可访问。能够有效地利用所表达的知识。

知识表示的方法按其表示的特征可分为叙述性知识表示和过程性知识表示两类。叙述性知识表示方法将知识的表示和知识的运用分开处理，在表示知识时不涉及如何运用知识的问题。过程性知识表示方法将知识的表示和知识的运用结合起来，知识包含于程序中，如关于一个倒置矩阵的程序就隐含了倒置矩阵的知识，使知识与应用它的程序紧密地融合在一起，难以分离。

2.2　一阶谓词逻辑

人类智能的一个杰出方面是人类具有逻辑思维能力，为了使机器具有逻辑思维能力，就需要使用一种语言将思想或概念形式化表达。命题逻辑与谓词逻辑是较先应用于人工智能的两种逻辑，在知识的形式化表示方面，特别是定理的自动证明方面，发挥了重要作用，在人工智能的发展史中也占有重要地位。

2.2.1　命题

1. 命题的含义

命题就是具有真假意义的陈述句，如"今天下雨。""太阳从西边升起。""$1+1=2$。"等，这些句子在一定环境下具有"真"和"假"的意义，或者可以被硬性赋予"真"和"假"的意义。因此，一个命题总可赋予一个真假值，称之为该命题的"真值"（truth value）。真值只有"真"和"假"两种，一般分别用符号 T 和 F 表示。

2. 命题类型

命题有如下两种类型。

（1）原子命题：不能被分解成更为简单的陈述句，可以理解为不包含任何逻辑联结词的命题。

（2）复合命题：由联结词、标点符号和原子命题等复合构成的命题。

以上两种类型的命题都应该具有确定的真值。命题逻辑就是研究命题和命题之间关系的符号逻辑系统。

3. 命题的语法

命题逻辑的符号包括如下几种。

（1）命题常元：True(T)和 False(F)。

（2）命题符号：P、Q、R、T 等。

（3）联结词：¬、∧、∨、→、↔。

（4）括号：（ ）。

命题逻辑主要使用上述 5 个联结词，通过这些联结词，可以由简单的命题构成复杂的复合命题。

2.2.2 谓词

1. 谓词的含义

谓词（predicate），指在原子命题中用以描述个体的性质或个体间关系的部分。命题是能够判断其真假的句子。一般而言，能够做出判断的句子是由主语和谓词两部分组成的。主语一般是个体，个体是可以独立存在的，它可以是具体的事物，也可以是抽象的概念。用于刻画个体的性质、状态和个体之间关系的语言成分就是谓词。因此，可以用谓词表示命题。一个谓词可以分为谓词名和个体两个部分。

2. 谓词的一般形式

谓词的一般形式为：

$$P(x_1, x_2, \cdots, x_n)$$

P 是谓词名，x_1、x_2、x_n 是个体。

在谓词逻辑中用项表示对象。常量符号、变量符号和函数符号用于构造项，量词和谓词符号用于构造句子。

3. 谓词的语法

一阶谓词演算包括标点符号、括号、逻辑联结词、常量符号集、变量符号集、n 元函数符号集、n 元谓词符号集、量词。

谓词演算包括合法表达式（原子公式、合式公式）、表达式的演算化简方法、标准式（合取的前束范式或析取的前束范式）。

谓词演算的语法元素包括如下几种。

（1）常量符号。

（2）变量符号。

（3）函数符号。

（4）谓词符号。

（5）联结词：¬、∧、∨、→、↔ 。

（6）量词：全称量词∀、存在量词∃。∀x 和∃x 后面跟着的 x 叫作量词的指导变元。

2.2.3　谓词公式

在一阶谓词逻辑中，称 Teacher(father(Wang)) 中的 father(Wang) 为项。

定义 2.1　项可递归定义如下。

（1）单独一个个体是项（包括常量和变量）。

（2）若 f 是 n 元函数符号，而 $t_1, t_2, \cdots, t_n$ 是项，则称 $f(t_1, t_2, \cdots, t_n)$ 是项。

（3）任何项仅由规则（1）、（2）所生成。

定义 2.2　若 P 为 n 元谓词符号，$t_1, t_2, \cdots, t_n$ 都是项，则称 $P(t_1, t_2, \cdots, t_n)$ 为原子公式，简称原子。

在原子中，若 $t_1, t_2, \cdots, t_n$ 都不含变量，则 $P(t_1, t_2, \cdots, t_n)$ 是命题。

注意：谓词逻辑可以由原子和 5 种逻辑联结词，再加上量词来构造复杂的符号表达式。这就是所谓的谓词逻辑中的公式。

定义 2.3　一阶谓词逻辑合式公式（可简称公式）可递归定义如下。

（1）原子谓词公式（也称为原子公式）是合式公式。

（2）若 P、Q 是合式公式，则 $(\neg P)$、$(P \wedge Q)$、$(P \vee Q)$、$(P \rightarrow Q)$、$(P \leftrightarrow Q)$ 也是合式公式。

（3）若 P 是合式公式，x 是任一个体变元，则 $(\forall x)P$、$(\exists x)P$ 也是合式公式。

（4）任何合式公式都由有限次应用规则（1）、（2）、（3）所生成。

在给出一阶谓词逻辑公式的解释时，需要规定两件事情：公式中个体的定义域和公式中出现的常量、函数符号、谓词符号的定义。

定义 2.4　设 D 为谓词公式 P 的非空个体域，并对 P 中的个体常量、函数、谓词按如下规定赋值。

（1）为每个个体常量指派 D 中的一个元素。

（2）为每个 n 元函数指派一个从 D^n 到 D 的映射，其中

$$D^n = \{(x_1, x_2, \cdots, x_n) \mid x_1, x_2, \cdots, x_n \in D\}$$

（3）为每个 n 元谓词指派一个从 D^n 到 $\{T, F\}$ 的映射。

称这些指派为公式 P 在 D 上的一个解释。

例 2.1　设个体域 $D=\{1,2\}$，求公式 $G = (\forall x)(\exists y)P(x, y)$ 在 D 上的解释，并指出在每一个解释下公式 G 的真值。

解：由于公式 G 没有包含个体常量和函数，因此可以直接为谓词指派真值，如表 2.1 所示。

表 2.1   例 2.1 的一个指派

$P(1,1)$	$P(1,2)$	$P(2,1)$	$P(2,2)$
T	F	T	F

表 2.1 就是公式 G 在 D 上的一个解释。从这个解释可以看出，当 $x=1$，$y=1$ 时，$P(x,y)$ 的真值为 T；当 $x=2$，$y=1$ 时，$P(x,y)$ 的真值也为 T。

即对 x 在 D 上任意取值，都存在 $y=1$，使得 $P(x,y)$ 的真值为 T。因此，在该解释下，公式 G 的真值为 T。

值得注意的是，一个谓词公式在其个体域上的解释不是唯一的。例如，对公式 G，给出另一个指派，如表 2.2 所示。

表 2.2   例 2.1 的另一个指派

$P(1,1)$	$P(1,2)$	$P(2,1)$	$P(2,2)$
T	T	F	F

表 2.2 也是公式 G 在 D 上的一个解释。从这个解释可以看出，当 $x=1$，$y=1$ 时，$P(x,y)$ 的真值为 T；当 $x=2$，$y=1$ 时，$P(x,y)$ 的真值为 F。

同样，当 $x=1$，$y=2$ 时，$P(x,y)$ 的真值为 T；当 $x=2$，$y=2$ 时，$P(x,y)$ 的真值为 F。

即 G 在 D 上任意取值，不存在一个 y，使得 $P(x,y)$ 的真值均为 T。因此，在该解释下，公式 G 的真值为 F。

实际上，在本例中，G 在 D 上共有 16 个解释，这里就不一一列举了。

一个公式的解释通常有任意多个，因为个体域 D 可以随意定义。而对一个给定的个体域 D，公式中出现的常量、函数符号和谓词符号的定义也是随意的。因此公式的真值都是针对某一个解释而言的，它可能在某一个解释下为 T，而在另一个解释下为 F。

2.2.4　一阶谓词逻辑知识表示方法

一阶谓词逻辑是最早出现的一种知识表示方法，是一种形式系统（formal system），即形式符号推理系统，也称为一阶谓词演算、低阶谓词演算（predicate calculus）、量词（quantifier）理论，或者谓词逻辑。它是一种由命题、逻辑联结词、个词体、谓词与量词等部件组成的表示方法，是人工智能领域使用最早和最广泛的知识表示方法之一。在这种方法中，知识库可以看成一组逻辑公式的集合，知识库的修改是增加或删除逻辑公式。要使用这种方法表示知识，需要将以自然语言描述的知识通过引入谓词、函数来形式化描述，获得有关的逻辑公式，进而以机器内部代码表示。在这种方法中，可采用归结法或其他方法进行准确的推理。

一阶谓词逻辑表示法在形式上和人类自然语言非常接近，表达较为精确且自然，但表示能力差，只能表达确定性知识，对于过程性和非确定性知识的表达有限。另外，知识之间是相互独立的，知识与知识之间缺乏关联，使得实施知识管理相对困难。

2.2.5　一阶谓词逻辑表示法的特点

1.　一阶谓词逻辑表示法的优点

一阶谓词逻辑表示法的优点如下。

（1）严密：可以保证演绎推理结果的正确性，可以较精确地表达知识。

（2）自然：表现方式和人类自然语言非常接近。

（3）通用：拥有通用的逻辑演算方法和推理规则。

（4）知识易于表达：对逻辑的某些外延进行扩展后，可以把大部分确定性知识表达成一阶谓词逻辑的形式。

（5）易于实现：表示的知识易于模块化，便于知识的增加、删除及修改，便于在计算机上实现。

2.　一阶谓词逻辑表示法的缺点

一阶谓词逻辑表示法的缺点如下。

（1）效率低：一方面，由于推理是根据形式逻辑进行的，把推理演算和知识含义截然分开，抛弃了表达内容所含的语义信息，往往会造成推理过程太冗长，降低系统效率；另一方面，谓词表示越细，表达越清楚，推理越慢，效率越低。

（2）灵活性差：不便于表达和加入启发性知识和元知识，不便于表达不确定性知识。人类的知识大都具有不确定性和模糊性，这使得它表示知识的范围受到了限制。

（3）组合爆炸：在推理过程中，随着事实数目的增大及盲目地使用推理规则，有可能产生组合爆炸。

2.3　产生式表示法

产生式表示法又称为产生式规则（production rule）表示法。

"产生式"这一术语是由美国数学家波斯特（Post）在 1943 年首先提出来的。他根据串替代规则提出了一种称为波斯特机的计算模型，模型中的每一条规则称为一个产生式。在此之后，几经修改与充实，如今产生式已被应用到多个领域。例如，用它来描述形式语言的语法，表示人类心理活动的认知过程等。1972年，纽厄尔和西蒙在研究人类的认知模型中开发了基于规则的产生式系统。目前该模型已成为人工智能中应用最多的一种知识表示模型，许多成功的专家系统都用它来表示知识，如费根鲍姆等人研制的化学分子结构专家系统 DENDRAL、肖特利夫（Shortliffe）等人研制的诊断传染性疾病的专家系统 MYCIN 等。

2.3.1　产生式的概念

产生式通常用于表示事实、规则及其不确定性度量，适合表示事实性知识和规则性知识。

1. 确定性事实性知识的产生式表示

确定性事实性知识一般用三元组表示：

$$(对象,属性,值)$$

或者：

$$(关系,对象1,对象2)$$

2. 不确定性事实性知识的产生式表示

不确定性事实性知识一般用四元组表示：

$$(对象,属性,值,置信度)$$

或者：

$$(关系,对象1,对象2,置信度)$$

3. 确定性规则性知识的产生式表示

确定性规则性知识的产生式表示的基本形式是：

$$IF \quad P \quad THEN \quad Q$$

或者：

$$P \rightarrow Q$$

其中，P 是产生式的前提，用于指出该产生式可用的条件；Q 是一组结论或操作，用于指出当前提 P 所指示的条件满足时应该得出的结论或应该执行的操作。整个产生式的含义是：如果前提 P 被满足，则结论是 Q 或执行 Q 所规定的操作。

4. 不确定性规则性知识的产生式表示

不确定性规则性知识的产生式表示的基本形式是：

$$\text{IF } P \text{ THEN } Q\text{(置信度)}$$

或者：

$$P \rightarrow Q\text{(置信度)}$$

产生式的前提有时又称为条件、前提条件、前件、左部等，其结论有时又称为后件或右部等。本书后面将不加区分地使用这些术语，不再单独说明。

2.3.2 产生式系统的组成

把一组产生式放在一起，让它们互相配合，协同作用，一个产生式生成的结论可以供另一个产生式作为已知事实使用，以求得问题的解，这样的系统称为产生式系统。

一般来说，一个产生式系统由规则库、综合数据库、控制系统 3 部分组成，如图 2.1 所示。

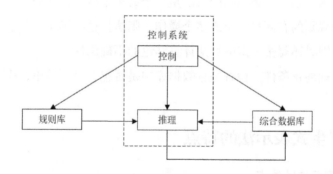

图 2.1　产生式系统的组成

1. 规则库

用于描述相应领域内知识的产生式集合称为规则库。

显然，规则库是产生式系统求解问题的基础，其知识是否完整、一致，表达是否准确、灵活，对知识的组织是否合理等，将直接影响到系统的性能。因此，需要对规则库中的知识进行合理的组织和管理，检测并排除冗余及矛盾的知识，保持知识的一致性。采用合理的结构形式，可使推理避免访问那些与求解当前问题无关的知识，从而提高求解问题的效率。

2. 综合数据库

综合数据库又称为事实库、上下文、黑板等，它是用于存放问题求解过程中各种当前信息（例如问题的初始状态、原始证据、推理中得到的中间结论及最终结论）的数据结构。当规则库中某条产生式的前提与综合数据库的某些已知事实匹配时，该产生式就被激活，并把它推出的结论放入综合数据库，作为后面推理的已知事实。显然，综合数据库的内容是不断变化的。

3. 控制系统

控制系统又称为推理机。它由一组程序组成，负责整个产生式系统的运行，实现对问题的求解。粗略地说，控制系统要做以下几项工作。

（1）按一定的策略从规则库中选择规则的前提条件，与综合数据库中的已知事实进行匹配。所谓匹配，是指把规则的前提条件与综合数据库中的已知事实进行比较。如果两者一致或者近似一致且满足预先规定的条件，则称匹配成功，相应的规则可被使用；否则称匹配不成功。

（2）冲突消解。匹配成功的规则可能不止一条，这称为冲突。此时，控制系统必须调用相应的解决冲突策略消解冲突，以便从匹配成功的规则中选出一条执行。

（3）执行规则。如果一条规则的右部是一个或多个结论，则把这些结论放入综合数据库；如果一条规则的右部是一个或多个操作，则执行这些操作。对于不确定性知识，在执行每一条规则时还要按一定的算法计算结论的不确定性。

（4）检查推理终止条件。检查综合数据库中是否包含最终结论，决定是否停止系统的运行。

2.3.3　产生式表示法的特点

1. 产生式表示法的优点

产生式表示法的优点如下。

（1）自然性。产生式表示法用"IF……，THEN……"的形式表示知识，这是人们常用的一种表达因果关系的知识表示形式，既直观、自然，又便于进行推理。正是这一原因，产生式表示法才成为人工智能中最重要且应用最广的一种知识表示方法。

（2）模块性。产生式是规则库中最基本的知识单元，它们同控制系统相对独立，而且每条规则都具有相同的形式。这样就便于对其进行模块化处理，为知识的增、删、改带来了方便，为规则库的建立和扩展提供了可管理性。

（3）有效性。产生式表示法既可表示确定性知识，又可表示不确定性知识；既有利于表示启发式知识，又可方便地表示过程性知识。目前已建造成功的专家系统大部分用产生式来表达其过程性知识。

（4）清晰性。产生式有固定的格式。每一条产生式规则都由前提与结论（操作）两部分组成，而且每一部分所含的知识量都比较少。这样既便于对规则进行设计，又易于对规则库中知识的一致性及完整性进行检测。

2. 产生式表示法的缺点

产生式表示法的缺点如下。

（1）工作效率不高。在产生式系统求解问题的过程中，首先要用产生式（即规则）的前提部分与综合数据库中的已知事实进行匹配，从规则库中选出可用的规则，此时选出的规则可能不止一条，这就需要按一定的策略进行冲突消解，然后执行选中的规则。因此，产生式系统求解问题的过程是反复进行"匹配—冲突消解—执行"的过程。由于规则库一般都比较庞大，而匹配又是一件十分费时的工作，因此其工作效率不高。而且，大量的产生式规则容易引起组合爆炸。

（2）不能表达具有结构性的知识。产生式适合表达具有因果关系的过程性知识，是一种非结构化的知识表示方法，所以对具有结构关系的知识无能为力，它不能把具有结构关系的事物间的区别与联系表示出来。

3. 产生式表示法适合表示的知识

由上述关于产生式表示法的特点，可以看出产生式表示法适合表示具有下列特点的领域知识。

（1）由许多相对独立的知识元组成的领域知识，各知识元彼此关系不密切，不存在结构关系。例如化学反应方面的知识。

（2）具有经验性及不确定性的知识，而且相关领域中对这些知识没有严格、统一的理论。例如医疗诊断、故障诊断等方面的知识。

（3）一个领域问题的求解过程可表示为一系列相对独立的操作，而且每个操作可表示为一条或多条产生式规则。

2.4 框架表示法

1975 年，著名的人工智能学者明斯基提出了框架理论。该理论的基础是：人们对现实世界中各种事物的认识都是以一种类似于框架的结构存储在记忆中的。当面对一个新事物时，就从记忆中找出一个合适的框架，并根据实际情况对其细节加以修改、补充，从而形成对当前事物的认识。

框架表示法是一种结构化的知识表示方法，现已在多种系统中得到应用。

2.4.1　框架的一般结构

框架是一种表示某一类情景的结构化的数据结构。

框架由描述事物的各个方面的槽组成，每个槽可有若干个侧面。一个槽用于描述所讨论对象的某一方面的属性，一个侧面用于描述相应属性的一个方面。槽和侧面所具有的值分别称为槽值和侧面值。槽值可以是逻辑的、数字的，可以是程序、条件、默认值或一个子框架。槽值含有如何使用框架信息、下一步可能发生的事的信息、预计未实现时该如何做的信息等。

在一个用框架表示的知识系统中，一般都包含多个框架。为了区分不同的框架，以及一个框架内不同的槽和不同的侧面，需要分别赋予它们不同的名字，分别称为框架名、槽名及侧面名。因此，一个框架通常由框架名、槽名、侧面和值4个部分组成。一个框架可以有多个槽；一个槽可以有多个侧面；一个侧面可以有多个侧面值。槽值或侧面值既可以是数值、字符串、布尔值，也可以是一个满足某个给定条件时要执行的动作或过程，还可以是另一个框架的名字，从而实现一个框架对另一个框架的调用，表示出框架之间的横向联系。约束条件是任选的，当不指出约束条件时，表示没有约束。

2.4.2　框架表示法的推理形式

在使用框架表示法的知识库中，主要有两种活动：一是"填槽"，即框架中包含未知内容的槽需要填写；二是"匹配"，根据已知事件寻找合适的框架，并将该内容填入槽中。

上述两种操作都会引起推理，其主要推理形式如下。

1. 默认推理

在框架网络中，各框架之间通过ISA链（槽）Is-a Subsumption Association Chain，一种包含关系链构成半序的继承关系。在填槽过程中，如果没有特别说明，子框架的槽值将继承父框架相应的槽值，这称为默认推理。

2. 匹配

对于由框架所构成的知识库，当利用它进行推理、形成概念和做出决策、判断时，其过程往往是根据已知的信息，通过与知识库中预先存储的框架进行匹配，找出一个或几个与该信息所提供的情况最适合的预选框架，形成初步假设，即由输入信息激活相应的框架；再在该框架引导下，进一步收集信息；在此之后按某种评价原则，对预选的框架进行评价，决定最后接受还是放弃预选的框架，以完成在框架引导下的推理。这个过程可以用来模拟人类利用已有的经验进行思考、决策，以及形成概念、假设的过程。

2.5　小　结

人类智能活动一般都是基于一定知识而进行的，比如，求解几何问题时总要知道一些基本的公理或定理，医生在看病过程中也要有一定的医学知识等。人类开展的这些活动都离不开相关的领域知识，也就是说只有当人们具备了一定的知识之后，才能对问题进行分析、推理和综合等。可以认为知识是人类智能活动的物质基础与条件。

人工智能主要研究使用人工系统（机器或计算机）来模拟人类的智能活动。首先需要考虑的内容就是如何使该人工系统具有知识，即如何将知识表达出来并存储到人工系统当中，这就是知识的表示问题。知识表示是人工智能研究的一个重要课题，不同的知识有不同的表示方法，且对于不同问题，其表示也各不相同，一个合理的知识表示方法不仅会使问题求解变得容易，并且还有较高的求解效率。

知识表示拓展阅读

思 考 题

2.1　什么是知识？它有哪些特性？

2.2　什么是知识表示？如何选择知识表示方法？

2.3　什么是命题？请写出 3 个真值为 T 及真值为 F 的命题。

2.4　谓词逻辑和命题逻辑的关系如何？有何异同？

2.5　一阶谓词逻辑表示法适合表示哪种类型的知识？它有哪些特点？

2.6　产生式系统由哪几部分组成？

2.7　试述产生式系统求解问题的一般步骤。

2.8　在产生式系统中，推理机的推理方式有哪几种？在产生式推理过程中，如果发生策略冲突，如何解决？

2.9　框架表示法有何特点？请叙述用框架表示法的步骤。

2.10　试构造一个描述读者的办公室或卧室的框架系统。

2.11　试构造一个描述计算机主机的框架系统。

第3章
自动推理

自动推理是人工智能的核心内容，是专家系统、程序推导、程序正确性证明和智能机器人等研究领域的重要基础。

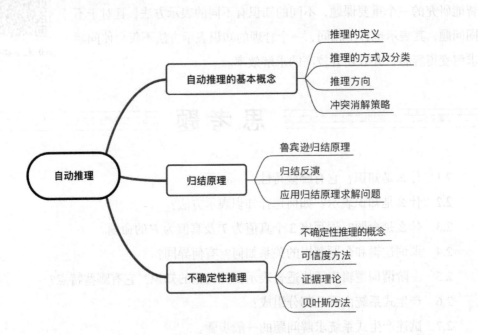

3.1 自动推理的基本概念

3.1.1 推理的定义

人们在对各种事物进行分析、综合并做出最后决策时，通常是从已知的事实出发，通过运用已掌握的知识，找出其中蕴含的事实，或归纳出新的事实。从初始证据出发，按某种策略不断运用知识库中的已知知识，逐步推出结论的过程称为推理。

例如，在医疗诊断专家系统中，专家的经验及医学常识以某种表示形式存储于知识库中。为病人诊治疾病时，推理机是从存储在综合数据库中的病人症状及化验结果等初始证据出发，按某种搜索策略在知识库中搜寻可与之匹配的知识，推出某些中间结论；再以这些中间结论为证据，在知识库中搜索与之匹配的知识，推出进一步的中间结论；如此反复进行，直到最终推出结论，即病人的病因与治疗方案为止。

3.1.2　推理的方式及分类

推理方式主要用于解决在推理过程中前提与结论之间的逻辑关系，以及不确定性的传递问题。人工智能作为对人类智能的模拟，相应地也有多种推理方式。下面分别按不同的方式对推理进行分类。

1. 按推出结论的途径划分为演绎推理、归纳推理和默认推理

（1）演绎推理

演绎推理（deductive reasoning）是从全称判断推导出单称判断的过程，即由一般性知识推出适用于某一具体情况的结论。它是一种由一般到个别的推理。

演绎推理有多种形式，经常用的是三段论。

大前提：已知的一般性知识或假设。

小前提：关于所研究的具体情况或个别事实的判断。

结论：由大前提推出的适用于小前提有关情况的新判断。

（2）归纳推理

归纳推理（inductive reasoning）是从一类事物的大量特殊事例出发，推出该类事物的一般性结论。它是一种由个别到一般的推理方法。其基本思想是：先从已知事实中猜测出一个结论，然后对这个结论的正确性加以证明确认。

归纳推理按照所选事例的广泛性可划分为完全归纳推理和不完全归纳推理，按照推理所使用的方法又可划分为枚举归纳推理和类比归纳推理等。

完全归纳推理是指在进行归纳时需要考察相应事物的全部对象，并根据这些对象是否都具有某种属性来推出该类事物是否具有此种属性。

不完全归纳推理是指考察了相应事物的部分对象，就得出了结论。例如，检查产品质量时，只是随机地抽查了部分产品，只要它们都合格，就得出了"该厂生产的产品合格"的结论。

枚举归纳推理是指在进行归纳时，如果已知某类事物的有限可数个具体事物都具有某种属性，则可推出该类事物都具有此种属性。设 $a_1, a_2, \cdots, a_n$ 是某类事物 A 的具体事物，若已知 $a_1, a_2, \cdots, a_n$ 都具有属性 B，并且没有发现反例，那么当 n 足够大时，就可以得出"事物 A 中的所有事物都具有属性 B"这一结论。

类比归纳推理是指在两个或两类事物有许多属性都相同或相似的基础上，推出它们的其他属性也相同或相似的一种归纳推理。

设 A、B 分别是两类事物的集合：

$$A = \{a_1, a_2, a_3, \cdots\}, \quad B = \{b_1, b_2, b_3, \cdots\}$$

并设 a_i 与 b_i 总是成对出现，且当 a_i 有属性 P 时，b_i 就有属性 Q 与之对应，即：

$$P(a_i) \rightarrow Q(b_i) \qquad i = 1, 2, 3, \cdots$$

则当 A 与 B 中有新的元素对出现的时候，若已知 a' 有属性 P，b' 有属性 Q，则：

$$P(a') \rightarrow Q(b')$$

不完全归纳推理属于非必然性推理，由不完全归纳推理推出的结论不具有必然性，而完全归纳推理是必然性推理。然而实践中要考察事物的所有对象通常比较困难，大多数归纳推理都是不完全归纳推理。

（3）默认推理

默认推理（default reasoning）又称为缺省推理，是在知识不完全的情况下假设某些条件已经具备所进行的推理。也就是说，在进行推理时，如果对于某些证据不能证明它们不成立，就先假设它们是成立的，并将它们作为推理的依据进行推理，但在推理过程中，当新加入的知识或所推出的中间结论与已有知识发生矛盾时，就说明前面有关证据的假设是不正确的，这时就要撤消原来的假设，以及由此假设所推出的所有结论，并按新情况进行推理。

2. 按推理时所用知识的确定性划分为确定性推理、不确定性推理

（1）确定性推理

确定性推理是指推理时所用的知识与证据都是确定的，推出的结论也是确定的，其真值为真或者为假，没有第三种情况。

演绎推理和归纳推理是两种经典的确定性推理，它们以数理逻辑的有关理论、方法和技术为基础，是可在计算机上加以实现的一种机械化推理方法。

（2）不确定性推理

不确定性推理是指推理时所用的知识与证据不都是确定的，推出的结论也是不确定的。

3. 按推理过程中推出的结论是否接近最终目标划分为单调推理、非单调推理

（1）单调推理

单调推理是指在推理过程中随着推理向前推进及新知识的加入，推出的结论越来越接近最终目标。

单调推理的推理过程中不会出现反复的情况，即不会由于新知识的加入否定了前面推出的结论，从而使推理又退回到前面的某一步。

（2）非单调推理

非单调推理是指在推理过程中由于新知识的加入，不仅没有加强已推出的结论，反而要否定它，使推理退回到前面的某一步，然后重新开始。

非单调推理一般是在知识不完全的情况下发生的。由于知识不完全，为使推理进行下去，就要先提出某些假设，并在假设的基础上进行推理。当以后由于新知识的加入发现原先的假设不正确时，就需要推翻该假设及由此假设推出的所有结论，再用新知识重新进行推理。显然，默认推理是一种非单调推理。

在人们的日常生活及社会实践中，很多情况下进行的推理都是非单调推理。明斯基举了一个非单调推理的例子：当知道 X 是一只鸟时，一般认为 X 会飞，但之后又知道 X 是企鹅，而企鹅是不会飞的，则取消先前加入的 X 能飞的结论，而加入 X 不会飞的结论。

4. 按推理中是否运用与推理有关的启发式知识划分为启发式推理、非启发式推理

如果推理过程中运用与推理有关的启发式知识，则称为启发式推理；否则称为非启发式推理。

所谓启发式知识，是指与问题有关且能加快推理过程、求得问题最优解的知识。例如，推理的目标是在脑膜炎、肺炎、流感这 3 种疾病中选择一个，又设有 r_1、r_2、r_3 这 3 条产生式规则可供使用，其中使用 r_1 推出的是脑膜炎，使用 r_2 推出的是肺炎，使用 r_3 推出的是流感。如果希望尽早地排除脑膜炎这一危险疾病，应该先选用 r_1；如果本地区目前流感高发，则应考虑首先选择 r_3。这里，"脑膜炎危险"及"目前流感高发"是与问题求解有关的启发性信息。

3.1.3　推理方向

推理是问题求解的过程。问题求解的质量与效率不仅依赖于所采用的求解方法，还依赖于求解问题的策略，即推理的控制策略。

推理的控制策略是指使用领域知识使推理过程尽快达到目标的策略，主要包括推理方向、搜索策略、冲突消解策略、求解策略及限制策略等。推理方向用来确定推理的控制方式，即推理过程是从初始证据开始到目标，还是从目标开始到初始证据，可分为正向推理、逆向推理、混合推理及双向推理4种。

1. 正向推理

正向推理是以已知事实作为出发点的一种推理。

正向推理的基本思想是：从用户提供的初始已知事实出发，在知识库中找出当前可适用的知识，构成可适用知识集，然后按某种冲突消解策略从知识集中选出一条知识进行推理，并将推出的新事实加入数据库作为下一步推理的已知事实，此后再在知识库中选取可适用知识进行推理。如此重复这一过程，直到求得问题的解或者知识库中再无可适用的知识为止。

2. 逆向推理

逆向推理是以某个假设目标作为出发点的一种推理。

逆向推理的基本思想是：首先根据问题求解的要求选定一个假设目标，然后寻找支持该假设的证据，若所需的证据都能找到，则说明原假设是成立的；若无论如何都找不到所需要的证据，则说明原假设是不成立的，为此需要另作新的假设。

3. 混合推理

正向推理具有盲目、工作效率低等缺点，推理过程中可能会推出许多与问题无关的子目标。在逆向推理中，若提出的假设目标不符合实际，也会降低系统的工作效率。为解决这些问题，可把正向推理与逆向推理结合起来，使其发挥各自的优势，取长补短。这种既有正向又有逆向的推理称为混合推理。另外，在下述几种情况下，通常也需要进行混合推理。

（1）已知的事实不充分

当数据库中的已知事实不够充分时，若用这些事实与知识的运用条件相匹配进行正向推理，可能一条实用知识都选不出来，这就使得推理无法进行下去。此时，可通过正向推理先把其运用条件不能完全匹配的知识都找出来，并把这些知识可导出的结论作为假设，然后分别对这些假设进行逆向推理。

（2）正向推理推出的结论可信度不高

用正向推理进行推理时，虽然推出了结论，但可信度不高，达不到预定的要求。因此为了得到一个可信度符合要求的结论，可将这些结论作为假设，然后进行逆向推理。通过向用户询问进一步的信息，有可能得到一个可信度较高的结论。

（3）希望得到更多的结论

在逆向推理过程中，由于要与用户进行对话，有针对性地向用户提出询问，这就有可能获得一些原来不掌握的有用信息。这些信息不仅可用于证实要证明的假设，还有助于推出一些其他结论。因此，在用逆向推理证实了某个假设之后，可以再用正向推理推出另外一些结论。

由以上讨论可以看出，混合推理分为两种情况：一种是先进行正向推理，帮助选择某个目标，即从已知事实演绎出部分结果，再用逆向推理证实该目标或提高其可信度；另一种情况是先假设一个目标进行逆向推理，再利用逆向推理中得到的信息进行正向推理，以推出更多的结论。

4. 双向推理

在定理的机器证明等问题中，经常采用双向推理。所谓双向推理，是指正向推理与逆向推理同时进行，并且在推理过程中的某一步骤上"碰头"的一种推理。其基本思想是：一方面根据已知事实进行正向推理，但并不推到最终目标；另一方面从某假设目标出发进行逆向推理，但并不推至原始事实，而是让它们在中途相遇，即由正向推理所得到的中间结论恰好是逆向推理此时所要求的证据，这时推理就可结束，逆向推理时所做的假设就是推理的最终结论。

3.1.4 冲突消解策略

在推理过程中，系统要不断地用当前已知的事实与知识库中的知识进行匹配。由此可能发生如下 3 种情况。

（1）已知事实恰好只与知识库中的一个知识匹配成功。

（2）已知事实不能与知识库中的任何知识匹配成功。

（3）已知事实与知识库中的多个知识匹配成功，多个（组）已知事实都可与知识库中的某一个知识匹配成功，或者有多个（组）已知事实可与知识库中的多个知识匹配成功。

这里已知事实与知识库中的知识匹配成功的含义，对正向推理而言，是指产生式规则的前件和已知事实匹配成功；对逆向推理而言，是指产生式规则的后件和假设匹配成功。

对于第一种情况，由于匹配成功的知识只有一个，所以它就是可应用的知识，可直接把它应用于当前的推理。

当第二种情况发生时，由于找不到可与当前已知事实匹配成功的知识，使得推理无法继续进行下去。出现的原因可能是知识库中缺少某些必要的知识，也可能是要求解的问题超出了系统功能范围等，此时需要根据当前的实际情况进行相应的处理。

第三种情况刚好与第二种情况相反，推理过程中不仅有知识匹配成功，而且有多个知识匹配成功，这被称为发生了冲突。按一定的策略从匹配成功的多个知识中挑出一个知识用于当前的推理的过程称为冲突消解（conflict resolution）。解决冲突时所用的策略称为冲突消解策略。

对正向推理而言，它将决定选择哪一组已知事实来激活哪一条产生式规则，使它用于当前的推理，产生其后件指出的结论或执行相应的操作。对逆向推理而言，它将决定哪一个假设与哪一个产生式规则的后件进行匹配，从而推出相应的前件，作为新的假设。

目前已有多种冲突消解策略，其基本思想都是对知识进行排序。常用的有以下几种。

（1）按规则的针对性排序

优先选用针对性较强的产生式规则。如果 r_2 中除了包括 r_1 要求的全部条件外，还包括其他条件，则称 r_2 比 r_1 有更强的针对性，r_1 比 r_2 有更大的通用性。因此，当 r_2 与 r_1 发生冲突时，优先选用 r_2。因为它要求的条件较多，其结论一般更接近于目标，一旦得到满足，可缩短推理过程。

（2）按已知事实的新鲜性排序

在产生式系统的推理过程中，每应用一条产生式规则就会得到一个或多个结论（或者执行某个操作），数据库就会增加新的事实。另外，在推理时系统还会向用户询问有关的信息，使数据库的内容发生变化。一般把数据库中后生成的事实称为新鲜的事实，即后生成的事实比先生成的事实具有较大的新鲜性。若一条规则被应用后生成了多个结论，则既可以认为这些结论有相同的新鲜性，也可以认为排在前面（或后面）的结论有较大的新鲜性，根据情况决定。

（3）按匹配度排序

在不确定性推理中，需要计算已知事实与知识的匹配度，当其匹配度达到某个预先规定的值时，就认为它们是可匹配的。若产生式规则 r_1 与 r_2 都可匹配成功，则优先选用匹配度较大的产生式规则。

（4）按条件个数排序

如果有多条产生式规则生成的结论相同，则优先应用条件少的产生式规则，可以减少匹配时花费的时间。

在具体应用时，可对上述几种策略进行组合，尽量减少冲突的发生，使推理有较快的速度和较高的效率。

3.2 归 结 原 理

3.2.1 鲁宾逊归结原理

鲁宾逊归结原理（Robinson resolution principle）又称为消解原理，是鲁宾逊提出的一种证明子句集不可满足性，从而实现定理证明的理论及方法。

由谓词公式转化为子句集的过程可以看出，在子句集中子句之间是合取关系，其中只要有一个子句不可满足，则子句集就不可满足。由于空子句是不可满足的，所以，若一个子句集中包含空子句，则这个子句集一定是不可满足的。鲁宾逊归结原理就是基于这个思想提出来的。其基本方法是：检查子句集 S 中是否包含空子句，若包含，则 S 不可满足；若不包含，就在子句集中选择合适的子句进行归结，一旦通过归结得到空子句，就说明子句集 S 是不可满足的。

下面对命题逻辑及谓词逻辑分别给出归结的定义。

1. 命题逻辑中的归结原理

定义 3.1 设 C_1 与 C_2 是子句集中的任意两个子句。如果 C_1 中的文字 L_1 与 C_2 中的文字 L_2 互补，那么从 C_1 和 C_2 中分别消去 L_1 和 L_2，并将两个子句中余下的部分析取，构成一个新子句 C_{12}。这一过程称为归结。称 C_{12} 为 C_1 和 C_2 的归结式，C_1 和 C_2 为 C_{12} 的亲本子句。

定理 3.1 归结式 C_{12} 是其亲本子句 C_1 与 C_2 的逻辑结论。即如果 C_1 与 C_2 为真，则 C_{12} 为真。

证明：设 $C_1 = L \vee C_1'$，$C_2 = \neg L \vee C_2'$，

通过归结可以得到 C_1 和 C_2 的归结式 $C_{12} = C_1' \vee C_2'$

因为
$$C_1' \vee L \Leftrightarrow \neg C_1' \to L$$
$$\neg L \vee C_2' \Leftrightarrow L \to C_2'$$

所以
$$C_1 \wedge C_2 = (\neg C_1' \to L) \wedge (L \to C_2')$$

根据假言三段论得到
$$(\neg C_1' \to L) \wedge (L \to C_2') \Rightarrow \neg C_1' \to C_2'$$

因为
$$\neg C_1' \to C_2' \Leftrightarrow C_1' \vee C_2' = C_{12}$$

所以
$$C_1 \wedge C_2 \Rightarrow C_{12}$$

由逻辑结论的定义即 $C_1 \wedge C_2$ 的不可满足性可推出 C_{12} 的不可满足性，可知 C_{12} 是其亲本子句 C_1 和 C_2 的逻辑结论。

（证毕）

由此定理可得如下两个推论。

推论 1 设 C_1 与 C_2 是子句集 S 中的两个子句，C_{12} 是它们的归结式，若用 C_{12} 代替 C_1 和 C_2 后得到新子句集 S_1，则由 S_1 的不可满足性可推出原子句集 S 的不可满足性，即

$$S_1 \text{ 的不可满足性} \Rightarrow S \text{ 的不可满足性}$$

推论 2 设 C_1 与 C_2 是子句集 S 中的两个子句，C_{12} 是它们的归结式，若把 C_{12} 加入原子句集 S 中，得到新子句集 S_2，则 S 与 S_2 在不可满足的意义上是等价的，即

$$S_2 \text{ 的不可满足性} \Leftrightarrow S \text{ 的不可满足性}$$

由此可知，要证明子句集 S 的不可满足性，只要对其中可进行归结的子句进行归结，并把归结式加入子句集 S，或者用归结式替换它的亲本子句，然后，对新子句集（S_1 或 S_2）证明不可满足性就可以了。如果经过归结能得到空子句，根据空子句的不可满足性，立即可得原子句集 S 是不可满足的结论。这就是用归结原理证明子句集不可满足性的基本思想。

在命题逻辑中对不可满足的子句集 S，归结原理是完备的，即若子句集 S 不可满足，则必然存在一个从 S 到空子句的归结演绎；若存在一个从 S 到空子句的归结演绎，则 S 一定是不可满足的。对于可满足的子句集，用归结原理得不到任何结果。

2. 谓词逻辑中的归结原理

在谓词逻辑中，因为子句中含有变元，所以不能像命题逻辑那样直接消去互补文字，而需要先用最一般合一对变元进行代换，然后才能进行归结。

定义 3.2 设 C_1 与 C_2 是两个没有相同变元的子句，L_1 和 L_2 分别是 C_1 和 C_2 中的文字，若 σ 是 L_1 和 $\neg L_2$ 的最一般合一，则称

$$C_{12} = (C_1\sigma - \{L_1\sigma\}) \vee (C_2\sigma - \{L_2\sigma\})$$

为 C_1 和 C_2 的二元归结式（或称二元消解式），称 L_1 和 L_2 为归结式上的消解文字。

一般来说，若子句 C 中有两个或两个以上的文字具有最一般合一 σ，则称 $C\sigma$ 为子句 C 的因子。如果 $C\sigma$ 是单文字，则称它为 C 的单元因子。

应用因子的概念，可对谓词逻辑中的归结原理给出如下定义。

定义 3.3 子句 C_1 和 C_2 的归结式是下列二元归结式之一。

（1）C_1 与 C_2 的二元归结式。

（2）C_1 的因子 $C_1\sigma_1$ 与 C_2 的二元归结式。

（3）C_1 与 C_2 的因子 $C_2\sigma_2$ 的二元归结式。

（4）C_1 的因子 $C_1\sigma_1$ 与 C_2 的因子 $C_2\sigma_2$ 的二元归结式。

与命题逻辑中的归结原理相同，对于谓词逻辑，归结式是其亲本子句的逻辑结论。用归结式取代它在子句集 S 中的亲本子句所得到的新子句集仍然保持着原子句集 S 的不可满足性。

另外，对于一阶谓词逻辑，从不可满足的意义上说，归结原理也是完备的。即若子句集是不可满足的，则必存在一个从该子句集到空子句的归结演绎；若从子句集存在一个到空子句的演绎，则该子句集是不可满足的。

如果没有归结出空子句，则既不能说 S 不可满足，也不能说 S 是可满足的。因为有可能 S 是可满足的，而归结不出空子句，也可能是没有找到合适的归结演绎步骤，而归结不出空子句。但是，如果确定不存在任何方法归结出空子句，则可以确定 S 是可满足的。

3.2.2　归结反演

应用归结原理证明定理的过程称为归结反演。谓词逻辑的归结反演是仅有一条推理规则的问题求解方法。使用归结反演证明 $A \rightarrow B$（其中 A、B 为谓词公式）成立时，实际上是要证明其反面不成立，即 $\neg(A \rightarrow B)$ 不可满足。因为 $\neg(A \rightarrow B) = A \wedge \neg B$，所以先建立合取公式 $G = A \wedge \neg B$，进而得到相应的子句集 S，然后只需运用归结原理证明 S 是不可满足的即可。

假设 F 为前提公式集，Q 为目标公式（结论），则用归结反演证明 Q 为真的步骤如下。

（1）将已知前提表示为谓词公式 F。

（2）将待证明的结论表示为谓词公式 Q，并否定 Q，得到 $\neg Q$。

（3）把 $\neg Q$ 并入公式集 F 中，得到 $\{F, \neg Q\}$。

（4）把公式集 $\{F, Q\}$ 化为子句集 S。

（5）对子句集 S 进行归结，并把每次归结得到的归结式都并入 S。

如此反复归结，直到出现空子句为止。此时就证明了 Q 为真。

3.2.3　应用归结原理求解问题

归结原理除了可用于定理证明外，还可用于求取问题的答案，其思想与定理证明类似。下面给出了应用归结原理求解问题的步骤。

（1）把已知前提用谓词公式表示出来，并且转化为相应的子句集，设该子句集的名字为 S。

（2）把待求解的问题也用谓词公式表示出来，然后把它否定并与答案谓词 ANSWER 构成析取式。ANSWER 是一个为了求解问题而专设的谓词，其变元必须与问题公式的变元完全一致。

（3）把第（2）步中得到的析取式转化为子句集，并把该子句集并入子句集 S 中，得到子句集 S′。

（4）对 S′ 应用归结原理进行归结。

若得到归结式 ANSWER，则答案就在 ANSWER 中。

在归结过程中，一个子句可以多次被用来进行归结，也可以不被用来归结。在归结时并不一定要把子句集的全部子句都用到，只要在定理证明时能归结出空子句，在求取问题答案时能归结出 ANSWER 即可。

对子句集进行归结时，关键的一步是从子句集中找出可以进行归结的一对子句。由于事先不知道哪两个子句可以进行归结，更不知道通过对哪些子句对的归结可以尽快得到空子句，因而必须对子句集中的所有子句逐对地进行比较，对任何一对可归结的子句都进行归结。这样不仅要耗费许多时间，还会因为归结出了许多无用的归结式而占用许多存储空间，造成时空上的浪费，降低效率。

为解决这些问题，人们研究出了多种归结策略。这些归结策略大致可分为两大类：一类是删除策略，另一类是限制策略。前一类通过删除某些无用的子句来缩小归结的范围，后一类通过对参加归结的子句进行种种限制，尽可能地减少归结的盲目性，使其尽快地归结出空子句。

3.3　不确定性推理

现实世界中的事物及事物之间的关系是极其复杂的。由于客观上存在的随机性、模糊性，以及某些事物或现象暴露的不充分性，导致人们对它们的认识往往是不精确、不完全的，具有一定程度的不确定性。这种认识上的不确定性反映到知识，以及由观察所得到的证据上来，就分别形成了不确定性的知识及不确定性的证据。

3.3.1　不确定性推理的概念

不确定性推理是一种基于概率的推理方法，它用于处理存在随机或不确定因素的信息。不同于确定性推理，不确定性推理不是根据确定性规则来推导结论的，而是依赖于概率理论，通过计算一个事件发生的概率来推导结论的。

不确定性推理通常用于处理模糊、不完整或不准确的信息，例如自然语言文本、模糊逻辑或模糊推理、专家系统中的不完整知识等。它可以通过一些方法来描述不确定因素，如贝叶斯网络、模糊逻辑、隐马尔可夫模型等。

不确定性推理的基本思想是基于已知信息计算目标事件发生的概率，然后根据计算结果来推导出结论。在不确定性推理中，所有可能的结论都可能是正确的，因此推理的结果是不确定的。不确定性推理需要一定的适用条件和方法来保证其结果的准确性和可靠性。

1. 不确定性的表示与度量

在不确定性推理中，不确定性一般分为两类：一是知识的不确定性；二是证据的不确定性。它们都要求有相应的表示方法和度量标准。

（1）知识不确定性的表示

知识的表示与推理是密切相关的两个方面，不同的推理方法要求有相应的知识表示模式与之对应。在不确定性推理中，由于要进行不确定性的计算，因而必须用适当的方法把不确定性及不确定性的程度表示出来。

目前，在专家系统中知识的不确定性一般是由领域专家给出的，通常是一个数值，它表示相应知识的不确定性程度，称为知识的静态强度。静态强度可以是相应知识在应用中成功的概率，也可以是该条知识的可信程度或其他，其值的大小范围因其意义与使用方法的不同而不同。

（2）证据不确定性的表示

在推理中，有两种来源不同的证据：一种是用户在求解问题时提供的初始证据；另一种是在推理中用前面推出的结论作为当前推理的证据。对于前一种情况，即用户提供初始证据，由于这种证据多来源于观察，因而通常是不精确、不完全的，即具有不确定性。对于后一种情况，由于所使用的知识及证据都具有不确定性，因而推出的结论当然也具有不确定性，当把它用作后面推理的证据时，它也是不确定性的证据。

一般来说，证据不确定性的表示方法应与知识不确定性的表示方法保持一致，以便于在推理过程中对不确定性进行统一的处理。在有些系统中，为了便于用户使用，对初始证据的不确定性与知识的不确定性采取了不同的表示方法，但这只是形式上的，在系统内部会做相应的转换处理。

证据的不确定性通常也用一个数值表示。它代表相应证据的不确定性程度，被称为动态强度。对于初始证据，其值由用户给出；对于用前面推理所得结论作为当前推理的证据，其值由推理中不确定性的传递算法计算得到。

（3）不确定性的度量

对于不同的知识及不同的证据，其不确定性的程度一般是不同的，需要用不同的数据表示其不确定性的程度，还需要事先规定它的取值范围，只有这样每个数据才会有确定的意义。

在确定一种度量标准及其范围时，应注意以下几点。

① 度量要能充分表达相应知识及证据不确定性的程度。

② 度量范围的指定应便于领域专家及用户对不确定性的估计。

③ 度量要便于对不确定性的传递进行计算，而且对结论计算出的不确定性度量不能超出度量规定的范围。

④ 度量的确定应当是直观的，同时应有相应的理论依据。

2. 不确定性匹配算法及阈值

推理是一个不断运用知识的过程。在这一过程中，为了找到所需的知识，需要用知识的前提条件与数据库中已知的证据进行匹配，只有匹配成功的知识才有可能被应用。

对于不确定性推理，由于知识和证据都具有不确定性，而且知识所要求的不确定性程度与证据实际具有的不确定性程度不一定相同，因而就出现了"怎么才算匹配成功"的问题。对于这个问题，目前常用的解决方法是，设计一个算法用来计算匹配双方相似的程度；另外再指定一个相似的"限度"，用来衡量匹配双方相似的程度是否落在指定的限度内。如果落在指定的限度内，就称它们是可匹配的，相应知识可应用；否则就称它们是不可匹配的，相应知识不可应用。上述用来计算匹配双方相似程度的算法称为不确定性匹配算法，指定的相似的限度称为阈值。

3. 不确定性的传递算法

不确定性推理的根本目的是根据用户提供的初始证据，通过运用不确定性知识，最终推出不确定性的结论，并推算出结论的不确定性程度。因此，需要解决下面两个问题。

（1）在每一步推理中，如何把证据及知识的不确定性传递给结论。

（2）在多步推理中，如何把初始证据的不确定性传递给最终结论。

对于第一个问题，在不同的不确定性推理方法中所采用的处理方法各不相同；对于第二个问题，各种方法所采用的处理方法基本相同，即把当前推出的结论及其不确定性度量作为证据放入数据库中，供以后推理使用。由于最初那一步推理的结论是用初始证据推出的，其不确定性包含初始证据的不确定性对它所产生的影响，因而当它又用作证据推出进一步的结论时，其结论的不确定性仍然会受到初始证据的影响。这样一步步地进行推理，必然会把初始证据的不确定性传递给最终结论。

4. 结论不确定性的合成

推理中有时会出现这样一种情况：用不同知识进行推理得到了相同的结论，但不确定性的程度却不相同。此时，需要用合适的算法对它们进行合成。在不同的不确定性推理方法中所采用的合成方法各不相同。

长期以来，概率论的有关理论和方法都被用作度量不确定性的重要手段，因为它不仅有完善的理论，还为不确定性的合成与传递提供了现成的公式，因而它被最早用于不确定性知识的表示与处理，像这样纯粹用概率模型来表示和处理不确定性的方法被称为纯概率方法或概率方法。

纯概率方法虽然有严密的理论依据，但它通常要求给出事件的先验概率和条件概率，而这些数据又不易获得，因此其应用受到了限制。为了解决这个问题，人们在概率理论的基础上发展起来了一些新的方法及理论，主要有可信度方法、证据理论、贝叶斯方法等。

基于概率的方法虽然可以表示和处理现实世界中存在的某些不确定性，在人工智能的不确定性推理方面占有重要地位，但它们都没有把事物自身所具有的模糊性反映出来，也不能对其客观存在的模糊性进行有效的处理。扎德（Zadeh）等人提出的模糊集理论及其在此基础上发展起来的模糊逻辑弥补了这一缺陷，为由模糊性引起的不确定性的表示及处理开辟了一种新途径，得到了广泛应用。

3.3.2　可信度方法

可信度是对信任的一种度量，是指人们根据以往的经验对某个事物或现象为真的程度的一个判断。可信度带有较大的主观性和经验性，其准确性难以把握。人们在长期的实践活动中，通过对客观世界的认识，积累了大量的经验，当面临一个新事物或新情况时，往往可用这些经验对问题的真、假或为真/假的程度做出判断。

C-F 模型是基于可信度表示的不确定性推理的基本方法，其他可信度方法都是在此基础上发展起来的。

1. 知识不确定性的表示

在 C-F 模型中，知识是用产生式规则表示的，其一般形式为

$$\text{IF} \quad E \quad \text{THEN} \quad H\,(\text{CF}(H,E))$$

其中 CF(H,E)是该条知识的可信度，称为可信度因子（certainty factor）。

CF(H,E)反映了前提条件与结论的联系强度。它指出当前提条件 E 所对应的证据为

真时，它对结论 H 为真的支持程度，CF(H,E)的值越大，就越支持结论 H 为真。

CF(H,E)的取值范围是[−1,1]，CF(H,E)的值要求领域专家直接给出。其原则是：若由于相应证据的出现增加结论 H 为真的可信度，则 CF(H,E)>0。证据的出现越支持 H 为真，就使 CF(H,E)的值越大；证据的出现越支持 H 为假，就使 CF(H,E)的值越小；若证据的出现与否与 H 无关，则 CF(H,E)=0。

2. 证据不确定性的表示

证据不确定性的表示是指对于来自不同信息源的证据或信息的不确定性进行合理的表示和建模的过程。在 C-F 模型中，证据的不确定性也是用可信度因子表示的。证据可信度值的来源分两种情况：对于初始证据，其可信度的值由提供证据的用户给出；对于用先前推出的结论作为当前推理的证据，其可信度的值在推出该结论时通过不确定性传递算法计算得到。

证据 E 的可信度 CF(E)的取值范围也是[−1,1]。对于初始证据，若对它的所有观察 S 能肯定它为真，则 CF(E)=1；若肯定它为假，则 CF(E)=−1；若它以某种程度为真，则 CF(E)为(0,1)范围中的某一个值，即0<CF(E)<1；若它以某种程度为假，则 CF(E)为(−1,0)范围中的某一个值，即−1<CF(E)<0；若它还未获得任何相关的观察，此时可看作观察 S 与它无关，则 CF(E)=0。

在该模型中，尽管知识的静态强度与证据的动态强度都是用可信度因子表示的，但它们所表示的意义不相同。静态强度 CF(H,E)表示的是知识强度，即当 E 所对应的证据为真时对 H 的影响程度，而动态强度 CF(E)表示的是证据 E 当前的不确定性程度。

3.3.3 证据理论

证据理论是由阿瑟·P.登普斯特（Arthur P.Dempster）首先提出，并由格伦·谢弗（Glenn Shafer）进一步发展起来的一种处理不确定性的理论。这个理论能够区分"不确定"与"不知道"的差异，并能处理由"不知道"引起的不确定性情况，因此又称为 D-S 理论。

证据理论是一种用于推理和决策的形式化框架。该理论可以用于处理不确定性情况，例如证据来自多个不同源头或者存在不完全信息的情况。证据理论提供了一种计算置信度的方法，这些置信度可以在推理和决策中用来判断不同假设的可信度或者不确定性。证据理论在人工智能、决策分析、机器学习、模式识别、机器视觉等领域都有广泛应用。

在证据理论中，D 的任何一个子集 A 都对应一个关于 x 的命题，称该命题为"x 的值在 A 中"。证据理论为了描述和处理不确定性，引入了概率分配函数、信任函数及似然函数等概念。

证据理论的主要优势在于它可以处理各种类型的不确定性信息，如不完备、矛盾、不精确的信息。同时，它也可以处理不同类型的证据之间的关系，如互斥、独立、重叠等不同类型的关系。因此，证据理论具有广泛的应用前景，可以应用于解决各种复杂的决策问题。

3.3.4　贝叶斯方法

贝叶斯方法是一种基于概率统计的推理方法，它基于贝叶斯定理，通过更新先验概率和新信息的后验概率，来推导出新的结论。其基本思想是利用已知概率和新信息来计算新的概率，从而得到更加合理和准确的推论。

贝叶斯方法广泛应用于统计学、机器学习、自然语言处理、人工智能等各个领域。其中，贝叶斯网络是一种常用的表示概率模型的工具，可以用于模拟复杂系统中各种可能的因素之间的依赖关系。

贝叶斯方法的核心是贝叶斯定理，它表示在已知先验条件下，新信息对后验概率的影响，其数学公式为：

$$P(h|e) = P(e|h) P(h) / P(e)$$

其中，$P(h|e)$ 表示后验概率，也就是在新信息 e 已知的情况下，假设 h 成立的概率；$P(h)$ 表示先验概率，也就是在不考虑新信息 e 的情况下，假设 h 成立的概率；$P(e|h)$ 表示似然度，也就是在假设 h 成立的情况下，新信息 e 发生的概率；$P(e)$ 表示批规范化常量，用于确保后验概率的批规范化，即保证后验概率的总和为 1。

贝叶斯方法的优点是能够处理不确定性信息，并能够进行概率推断和预测。但它也存在一些问题，例如需要选择先验概率、计算复杂度较高等问题。

3.4　小　　结

本章介绍了推理的基本概念、归结原理、不确定性推理。

鲁宾逊归结原理是机器定理证明的基础，是一种证明子句集不可满足性，从而实现定理证明的理论及方法。它的基本方法是：将要证明的定理表示为谓词公式，并转化为子句集，然后进行归结，一旦归结出空子句，则定理得证。

应用归结原理求解问题的方法：把已知前提用谓词公式表示出来，并且转化为相应的子句集；把待求解的问题也用谓词公式表示出来，然后把它否定并与谓词 ANSWER 构成析取式；将析取式转化为子句集；对子句集进行归结，若得到归结式 ANSWER，则答案就在 ANSWER 中。

证据理论提供了一种计算组合证据的方法，以便产生一个可信度值来支持或反驳一个假说。

自动推理拓展阅读

思考题

3.1 什么是推理、正向推理、逆向推理、混合推理？试列出常用的几种推理方法并列出每种推理方法的特点。

3.2 什么是冲突？在产生式系统中冲突消解策略有哪些？

3.3 引入鲁宾逊归结原理有何意义？什么是归结原理？什么是归结式？

3.4 请写出利用归结原理求解问题答案的步骤。

3.5 什么是不确定性推理？有哪几类不确定性推理方法？不确定性推理中需要解决的基本问题有哪些？

3.6 已知：每个使用互联网的人都想从网络获得信息。

用归结原理证明：如果没有信息就不会有人使用互联网。

3.7 已知：规则可信度为

$$r_1: \text{IF} \quad E_1 \quad \text{THEN} \quad H_1 \ (0.7)$$

$$r_2: \text{IF} \quad E_2 \quad \text{THEN} \quad H_1 \ (0.6)$$

$$r_3: \text{IF} \quad E_3 \quad \text{THEN} \quad H_1 \ (0.4)$$

$$r_4: \text{IF} \ (H_1 \quad \text{AND} \ E_4) \quad \text{THEN} \ H_2 \ (0.2)$$

证据可信度为 $CF(E_1) = CF(E_2) = CF(E_3) = CF(E_4) = 0.5$，$H_1$ 的初始可信度一无所知，H_2 的初始可信度 $CF_0(H_2) = 0.3$，计算结论 H_2 的可信度 $CF(H_2)$。

第4章
搜索策略

搜索是人工智能中的核心技术，是推理不可分割的一部分，它直接关系到智能系统的性能和运行效率。由于人工智能所要解决的问题本身较复杂，计算机在时间、空间上又存在一定的局限性，计算机在求解问题时，必须结合给定问题的实际情况，不断寻找可利用的知识，从而构造出一条代价最小的推理路径，使问题得到解决。

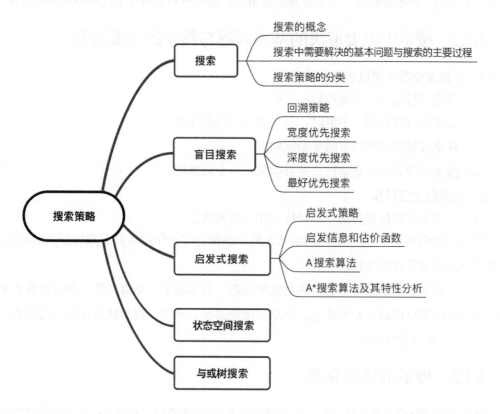

4.1 搜　　索

4.1.1　搜索的概念

如何在包含大量知识的问题中甚至结构不良或非结构化的问题中获取对自己有用的信息，是人工智能中非常重要的一部分。对于这些问题，一般很难获得其全部信息，更没有现成的算法可供使用。因此，根据问题的实际情况，不断寻找可利用的知识，从而构造一条代价最小的推理路径，就显得尤为重要。搜索就是要寻找一个操作序列，使问题从初始状态转换到目标状态。这个操作序列就是目标的解。因此，所谓搜索，就是根据问题的实际情况，按照一定的策略或规则，从知识库中寻找可利用的知识，从而构造一条使问题得到解决的代价最小的推理路径的过程。搜索包含两层含义：一是要找到从初始事实到问题最终答案的一条推理路径，二是找到的这条路径是时间和空间复杂度最小的推理路径。

4.1.2　搜索中需要解决的基本问题与搜索的主要过程

1. 在搜索中需要解决的基本问题

（1）搜索过程是否一定能找到一个解。

（2）当搜索过程找到一个解时，找到的是否是最佳解。

（3）搜索过程的时间与空间复杂度如何。

（4）搜索过程是否终止运行或是否会陷入一个死循环。

2. 搜索的主要过程

（1）从初始或目标状态出发，并将它作为当前状态。

（2）扫描操作算子集，将适用当前状态的一些操作算子作用在其上来得到新的状态，并建立指向其父节点的指针。

（3）检查所生成的新状态是否满足结束状态，如果满足，则得到解，并可沿着有关指针从结束状态反向到达开始状态，给出一推理路径；否则，将新状态作为当前状态，返回第（2）步再进行搜索。

4.1.3　搜索策略的分类

通常搜索策略的主要任务是确定选取规则的方式。搜索策略可根据是否使用启发式信息分为盲目搜索和启发式搜索，也可以根据问题的表示方法分为状态空间搜索和与或树搜索。

盲目搜索是不考虑给定问题所具有的特定知识，系统根据事先确定好的某种固定排序依次调用规则或随机调用规则，一般统称为无信息引导的搜索策略。由于搜索总是按照预定的控制策略进行的，因此这种搜索策略具有盲目性，搜索效率不高，不便于复杂问题的求解。启发式搜索考虑问题领域可应用的知识，动态地确定规则的排序，优先调用较合适的规则加速问题的求解过程，使搜索朝着最有希望的方向前进，找到最优解。

状态空间搜索是指用状态空间法来求解问题所进行的搜索。与或树搜索是指用问题归约法来求解问题时进行的搜索。

4.2 盲目搜索

4.2.1 回溯策略

求解问题时，不管是正向搜索还是逆向搜索，都是在状态空间的有向图中找到从初始状态到目标状态的路径。路径上弧的序列对应于解题的步骤。若在选择操作算子求解问题时，能给出绝对正确的选择策略，一次性成功穿过状态空间而达到目的，构造出一条解题路径，那就不需要进行搜索了。但事实上不可能给出绝对可靠的预测，求解实际问题时必须尝试多条路径，直到到达目标状态为止。回溯策略是一种系统地尝试状态空间中各种不同路径的技术。许多复杂的、规模较大的问题都可以使用回溯法，它有"通用解题方法"的美称。

带回溯策略的搜索是从初始状态出发，不停地、试探性地寻找路径，直到到达目标状态或遇到不可解节点，即"死胡同"为止。如果到达目标状态，就成功退出搜索，返回解题路径。若遇到不可解节点，就回溯到路径中最近的父节点上，查看该节点是否还有其他的子节点未被扩展。若有，则沿这些子节点继续搜索。

回溯是状态空间搜索的基本算法思想。各种图搜索算法，包括宽度优先搜索、深度优先搜索、最好优先搜索，都含有回溯的思想。

4.2.2 宽度优先搜索

宽度优先搜索是指从初始节点 S_0 开始，向下逐层搜索，在 n 层节点未搜索完之前，不进入 $n+1$ 层搜索。同层节点的搜索次序可以任意。即先按生成规则生成第 1 层节点，在该层全部节点中沿宽（广）度进行横向扫描，检查目标节点 S_g 是否在这些子节点中。

若没有，则再将所有第 1 层节点逐一扩展，得到第 2 层节点，并逐一检查第 2 层节点中是否包含 S_g。如此依次按照生成、检查、扩展的原则进行下去，直到发现 S_g 为止。

宽度优先搜索属于盲目搜索，时间和空间复杂度都比较高，当目标节点距离初始节点较远时会产生许多无用的节点，搜索效率低。宽度优先搜索中，时间需求是一个很大的问题，特别是当搜索的深度比较大时，这个问题尤为严重，并且空间需求是比时间需求更严重的问题。

但是宽度优先搜索也自有其优点。由于宽度优先搜索总是在生成、检查、扩展完 n 层的节点之后才转向 $n+1$ 层，所以如果存在目标节点，用宽度优先搜索算法总可以找到该目标节点，而且是代价最小（即最短路径）的解答。但实际意义不大，当状态的后继数的平均值较大时，组合爆炸就会使算法耗尽资源，在可利用的空间中找不到解。

4.2.3 深度优先搜索

深度优先搜索是一种一直向下的搜索策略。具体来说，是从初始节点 S_0 开始，按生成规则生成下一级各子节点，检查是否出现目标节点 S_g；若未出现，则按"最晚生成的子节点优先扩展"的原则，用生成规则生成再下一级的子节点，再检查是否出现 S_g；若仍未出现，则再扩展最晚生成的子节点。如此下去，沿着最晚生成的子节点分支，逐级纵向深入搜索。

由于一个有解的问题常常含有无穷分支，深度优先搜索过程如果误入无穷分支，就不可能找到目标节点，所以它是不完备的。与宽度优先搜索不同，深度优先搜索找到的解也不一定是最佳的。

深度优先搜索的优点是比宽度优先搜索算法需要较少的空间。该算法只需要保存搜索树的一部分，它由当前正在搜索的路径和该路径上还没有完全展开的节点组成。因此，深度优先搜索的存储器要求采用深度约束的线性函数。

但是其主要问题是可能搜索到错误的路径上。很多问题可能具有很深甚至是无限的搜索树，如果不幸选择了一个错误的路径，则深度优先搜索会一直搜索下去，而不会回到正确的路径上。对于这些问题，深度优先搜索要么陷入无限的循环而不能给出一个答案，要么最后找到一个答案，但路径很长，而且不是最优的答案。这就是说，深度优先搜索既不是完备的，也不是最优的。

4.2.4 最好优先搜索

最好优先搜索（best-first search）是一种基于估价函数的启发式搜索算法。与其他搜索算法（如宽度优先搜索和深度优先搜索）不同的是，最好优先搜索通过启发式函数来估计扩展节点的"价值"，并优先搜索"价值"最高的节点。

最好优先搜索通常应用于图搜索等问题中。在执行搜索操作时，最好优先搜索会先评估初始节点，并计算出每一个相邻节点的优先级。由于最好优先搜索只选择优先级最高的节点进行扩展，因此可以在搜索过程中尽早发现最优解。

最好优先搜索的评估函数是启发式函数的一种，该函数可以直接衡量当前状态与目标状态的距离或估计代价，并根据评估值来排序和选择新的节点进行扩展。例如，在八数码问题中，可以使用曼哈顿距离来作为评估函数，计算当前状态与目标状态之间的距离，进而选择扩展节点。

当评估函数保证满足以下两个条件时，最好优先搜索具有完备性和最优性：

评估函数（启发式函数）的值不小于从初始节点到目标节点的实际代价；

评估函数的值仅依赖于当前节点，不依赖于之前扩展过的节点。

最好优先搜索的一个缺点是其复杂度并不比其他算法明显低，甚至更高一些。因此，它的应用通常局限于较小的问题空间和中等规模的搜索空间。

4.3　启发式搜索

4.3.1　启发式策略

启发式策略就是利用与问题有关的启发信息进行搜索。

启发式（heuristic）是关于发现和发明操作算子及搜索方法的研究。在状态空间搜索中启发式被定义成一系列操作算子，并能从状态空间中选择最有希望到达问题解的路径。

问题求解系统可在两种基本情况下运用启发式策略。

（1）由于一个问题在问题陈述和数据获取方面固有的模糊性，可能没有一个确定的解，这就要求系统能运用启发式策略做出最有可能的解释。

（2）虽然一个问题可能有确定解，但是其状态空间特别大，搜索中生成扩展的状态数会随着搜索深度的加大呈指数级增长。穷尽式搜索策略（如宽度优先搜索或深度优先搜索）在给定的较实际的时间和空间复杂度内很可能得不到最终的解，而启发式策略通过引导搜索向最有希望的方向进行来降低搜索复杂度。

但是，启发式策略也是极易出错的。在解决问题的过程中，启发仅仅是对下一步将要采取的措施的一个猜想，它常常根据经验和直觉来判断。由于启发式搜索只利用特定问题的有限的信息，要想准确地预测下一步在状态空间中采取的具体的搜索行为是很难办到的。启发式搜索可能得到一个次优解，也可能一无所获。这是启发式搜索固有的局限性，而这种局限性不可能由所谓更好的启发式策略或更有效的搜索算法来彻底消除。

启发式策略及算法设计一直是人工智能的核心问题。启发式搜索具有实际意义：在问题求解中，需要启发式知识剪枝以减小状态空间，否则只能求解一些模拟的小问题。

4.3.2 启发信息和估价函数

启发信息是对每个状态的估计，表示从当前状态到目标状态的预期成本或距离。这种估计帮助搜索算法优先考虑那些看起来更接近目标的路径。启发式搜索使用启发信息（或启发函数）来指导搜索过程，以更有效地达到目标状态。启发式实际上是一种大拇指准则（thumb rule）：在大多数情况下是成功的，但不能保证一定成功。

用来评估节点重要性的函数被称为估价函数。估价函数 $f(n)$ 对从初始节点 S_0 出发，经过节点 n 到达目标节点 S_g 的路径代价进行估计。其一般形式为

$$f(n) = g(n) + h(n)$$

其中，$g(n)$ 表示从初始节点 S_0 到节点 n 的已获知的最小代价；$h(n)$ 表示从 n 到目标节点 S_g 的最优路径代价的估计值，它体现了问题的启发式信息。所以 $h(n)$ 被称为启发式函数。$g(n)$ 和 $h(n)$ 的定义都要根据当前处理的问题的特性而定，$h(n)$ 的定义更需要算法设计者的创造力。

4.3.3 A 搜索算法

A 搜索算法是基于估价函数的一种加权启发式搜索算法。

A 搜索算法是设计一个与问题有关的估价函数 $f(n) = g(n) + h(n)$，然后以 $f(n)$ 值的大小来排列待扩展状态的次序，每次选择 $f(n)$ 值最小的状态进行扩展。

启发信息给得越多，即估价函数值越大，则 A 搜索算法要搜索处理的状态数就越少，其搜索效率就越高。但估价函数值也不是越大越好，这是因为，即使估价函数值很大，A 搜索算法也不一定能搜索到最优解。如何能够保证搜索到最优解呢？这就需要 A* 搜索算法。

4.3.4　A*搜索算法及其特性分析

1. A*搜索算法

A*搜索算法是由著名的人工智能学者尼尔森提出的，它是目前非常有影响的启发式搜索算法，也称为最佳图搜索算法。

定义 $h^*(n)$ 为状态 n 到目标状态的最佳路径的代价，则当 A 搜索算法的启发式函数 $h(n)$ 不大于 $h^*(n)$，即满足

$$h(n) \leqslant h^*(n)，对于所有节点 n \qquad (4.1)$$

时，称之为 A*搜索算法。

如果某一问题有解，那么利用 A*搜索算法对该问题进行搜索一定能搜索到解，并且一定能搜索到最优解。因此，A*搜索算法比 A 搜索算法好。它不仅能得到目标解，并且一定能找到最优解（只要问题有解）。

2. A*搜索算法的有关特性

（1）可采纳性

当一个搜索算法在最佳路径存在时能保证在有限步内找到它，就称它是可采纳的。

通过估价函数 $f(n) = g(n) + h(n)$，可归纳出一类具有可采纳性的启发搜索策略的特征。若 n 是状态空间图中的一个状态，$g(n)$ 衡量某一状态在图中的深度，$h(n)$ 是从 n 到目标状态代价的估计值，此时 $f(n)$ 则是从初始状态出发，通过 n 到达目标状态的路径的总代价的估计值。

定义最优估价函数为

$$f^*(n) = g^*(n) + h^*(n) \qquad (4.2)$$

式中，$g^*(n)$ 为从初始状态到 n 状态的最小代价估计值；$h^*(n)$ 是从 n 状态到目标状态的最小代价估计值。这样，$f^*(n)$ 就是从初始状态出发通过 n 状态到达目标状态的最佳路径的总代价的估计值。

尽管在绝大部分实际问题中并不存在 $f^*(n)$ 这样的先验函数，但可以将 $f(n)$ 作为 $f^*(n)$ 的一个近似估价函数。在 A 及 A*搜索算法中，$g(n)$ 作为 $g^*(n)$ 的近似估价函数。$g(n)$ 与 $g^*(n)$ 可能并不相等，但有 $g(n) \geqslant g^*(n)$。仅当搜索过程已发现了到达 n 状态的最佳路径时，它们才相等。

同样，可以用 $h(n)$ 代替 $h^*(n)$ 作为 n 状态到目标状态的最小代价估计值。虽然在绝大多数情况下无法计算 $h^*(n)$，但是要判别某一 $h(n)$ 是否大于 $h^*(n)$ 还是有可能的。如果 A

搜索算法所使用的估价函数 $f(n)$ 能使 $h(n) \le h^*(n)$，则称之为 A*搜索算法。

可以证明，所有的 A*搜索算法都是可采纳的。

宽度优先搜索算法是 A*搜索算法的一个特例，是一个可采纳的搜索算法。该算法相当于 A*搜索算法中取 $h(n)=0$ 和 $f(n)=g(n)+0$。宽度优先搜索时对某一状态只考虑它同初始状态的距离代价。这是由于该算法在考虑 $n+1$ 层状态之前，已考察了 n 层中的任意一种状态，所以每个目标状态都是沿着最短的可能路径找到的。不幸的是，宽度优先搜索算法的搜索效率太低。

（2）单调性

在 A*搜索算法中并不要求 $g(n)=g^*(n)$。这意味着要采纳的启发式搜索算法可能会沿着一条非最佳路径搜索到某一中间状态。从 A 搜索算法可看出，在这种情况下，算法需要比较代价、调整路径等，使搜索的效率大大降低。如果对启发式函数 $h(n)$ 加上单调性的限制，就可以减少比较代价和调整路径的工作量，从而减少搜索代价。

（3）信息性

好的启发式策略具有更多的启发知识，使其容易找到最短路径，搜索较少的状态。当两种策略都是 A*搜索算法时，那么，何时一个启发式策略要比另一个启发式策略好？

在两个 A*启发式策略 h_1 和 h_2 中，如果对搜索空间中的任一状态 n 都有 $h_1 \le h_2$，就称策略 h_2 比 h_1 具有更多的信息性。如果某一搜索策略的 $h(n)$ 越大，则它所搜索的状态越少。

如果启发式策略 h_2 的信息性比 h_1 要多，则用 h_2 所搜索的状态集合是用 h_1 所搜索的一个子集。因此，算法 A*的信息性越多，它所搜索的状态就越少。必须注意的是，更多的信息性需要更多的计算时间，从而有可能抵消减小搜索空间所带来的益处。

4.4　状态空间搜索

用搜索技术来求解问题的系统均会定义一个状态空间，并通过适当的搜索算法在状态空间中搜索解答或解答路径。状态空间搜索的研究焦点在于设计高效的搜索算法，以降低搜索代价并解决组合爆炸问题。

1. 问题的状态空间表示法

状态空间表示法是指用"状态"和"操作"组成的"状态空间"来表示问题求解的一种方法。

（1）状态是指为了描述问题求解过程中不同时刻下状况（例如初始状况、事实等叙述性知识）间的差异，而引入的最少的一组变量的有序组合。它常用矢量形式表示，如下所示：

$$S = [s_0, s_1, s_2, \cdots]^T \qquad (4.3)$$

其中 s_i (i=0,1,2,$\cdots$)叫作分量。当给定每个分量的值 s_{ki} (i= 0,1,2,$\cdots$)时，就得到一个具体的状态 S_k：

$$S_k = [s_{k0}, s_{k1}, s_{k2}, \cdots]^T \qquad (4.4)$$

状态的维数可以是有限的，也可以是无限的。另外，状态还可以表示成多元数组或其他形式。状态主要用于表示叙述性知识。

（2）操作也被称为运算符或算符，它使状态中的某些分量发生改变，从而使问题由一个具体状态改变到另一个具体状态。操作可以是一个机械的步骤、过程、规则或算子，并能指出状态之间的关系。操作用于反映过程性知识。

（3）状态空间是指一个由问题的全部可能状态及其相互关系（即操作）所构成的有限集合。

状态空间常记为二元组，如下所示：

$$(S,O) \qquad (4.5)$$

其中，S 为问题求解（即搜索）过程中所有可能到达的合法状态构成的集合；O 为操作算子的集合，操作算子的执行会导致问题状态发生变化。

这样，在状态空间表示法中，问题求解过程就转化为在图中寻找从初始状态 S_0 出发到达目标状态 S_g 的路径的过程，也就是寻找操作序列的问题。

状态空间表示法有以下几点需要注意。

（1）用状态空间表示法表示问题时，必须首先定义状态的描述形式，通过使用这种描述形式可以把问题的一切状态都表示出来。另外，还要定义一组操作，通过使用这些操作可以把问题由一种状态转变到另一种状态。

（2）问题的求解过程是一个不断把操作作用于状态的过程。如果在使用某个操作后得到的新状态是目标状态，就得到了问题的 n 个解。这个解是从初始状态到目标状态所用的操作构成的序列。

（3）要使问题由一种状态转变到另一种状态，就必须使用一次操作。这样，在从初始状态转变到目标状态时，就可能存在多个操作序列（即得到多个解），其中使用操作最少或较少的解都可能为最优解（因为只有在使用操作时所付出的代价为最小的解才是最优解）。

（4）对其中的某一个状态，可能存在多个操作，可以使该状态变到几个不同的后继状态。那么到底该用哪个操作进行搜索呢？这就取决于搜索策略了。不同的搜索策略决定了操作的不同的顺序，这就是本章后面要讨论的问题。

在智能系统中，为了进行问题求解，必须首先用某种形式把问题表示出来，其表示是否适当将直接影响到求解效率。状态空间表示法就是用来表示问题及其搜索过程的一种方法。它是人工智能中基本的形式化方法，也是问题求解技术的基础。

2. 状态空间搜索的基本思想

状态空间搜索的基本思想就是通过搜索引擎寻找一个操作算子的调用序列，使问题从初始状态转变到目标状态，而转变过程中的状态序列或相应的操作算子调用序列称为从初始状态到目标状态的解答路径。搜索引擎可以设计为任意实现搜索算法的控制系统。

通常，状态空间的解答路径有多条，但最短的只有 1 条或少数几条。一个状态可以有多个可供选择的操作算子会导致多条待搜索的解答路径，这种选择在逻辑上称为"或"关系，意指只要其中有一条路径通往目标状态，就能获得成功解答。由此，这样的有向图称为或图。常见的状态空间一般都表示为或图，因而也称其为一般图。除了少数简单问题外，描述状态空间的一般图都很大，无法直观地画出，只能将其视为隐含图。在搜索解答路径的过程中，只画出搜索时直接涉及的节点和弧线，构成所谓的搜索图。

搜索空间的压缩程度主要取决于搜索引擎采用的搜索算法。换言之，当问题有解，使用不同的搜索策略找到解答路径时，画出的搜索图的大小是有区别的。一般来说，对于状态空间很大的问题，设计搜索策略的关键是解决组合爆炸问题。复杂的问题求解任务往往涉及许多解题因素，问题状态就可以通过解题因素的特别组合来加以表示。所谓组合爆炸指的是解题因素很多时，因素的可能的组合个数会呈爆炸性（指数级）增长，引起状态空间的急剧膨胀。例如某问题有 4 个因素，且每个因素有 3 个可选值，则因素的组合（即问题状态）有 $3^4=81$ 个。但若因素增加到 10 个，则组合的个数达 $3^{10}=3^4\times3^6=81\times729$，即状态空间扩大为原来的 729 倍。解决组合爆炸问题的方法实际上就是选用好的搜索策略，使得只需要搜索状态空间的很小部分就能找到解答。

4.5 与或树搜索

与或树搜索是一种计算机搜索算法，用于在决策树或状态空间中搜索最优解。它将搜索问题的状态表示为不同节点，每个节点都有一个布尔值，即"真"或"假"，然后从根节点开始依次向下扩展每个节点，同时根据节点的布尔值来决定是否进一步扩展其下一级子节点。如果当前节点的布尔值为"真"，则只需要向下扩展其所有子节点，直到找到一个最优解；反之，如果当前节点的布尔值为"假"，则只需停止搜索这个子树，返回其父节点，继续搜索其他子树。

与或树搜索算法的目标是通过最小化搜索成本来找到最优解。它适用于解决很多问题，例如棋盘游戏、自动规划、语言理解和计算机视觉等。

4.6　小　　结

开发人工智能技术的一个主要目的就是解决非平凡问题，即难以用常规技术（数值计算、数据库应用等）直接解决的问题。这些问题的求解依赖于问题本身的描述和应用领域相关知识的应用方式。广义地说，人工智能问题都可以看作一个问题求解的过程。因此问题求解是人工智能的核心问题，其要求是在给定条件下寻求一个既能解决某类问题又能在有限步内完成的算法。

搜索策略拓展阅读

按解决问题所需的领域的特有知识的多寡，问题求解系统可以划分为两大类，即知识贫乏系统和知识丰富系统。前者必须依靠搜索技术去解决问题，后者则需要求助于推理技术。

思 考 题

4.1　什么是搜索？按是否使用启发式信息划分有哪两大类不同的搜索策略？两者的区别是什么？

4.2　什么是状态空间？用状态空间法表示问题时，什么是问题的解？什么是最优解？最优解唯一吗？

4.3　什么是盲目搜索？主要有哪几种盲目搜索策略？

4.4　什么是宽度优先搜索？什么是深度优先搜索？有何不同？

第2篇 人工智能热点技术

第5章
机器学习

机器学习是人工智能的一个分支，它通过算法和统计模型来让机器自动地从数据中学习，并利用学习结果来进行预测或者决策。机器学习按学习理论划分可以分为有监督学习、无监督学习和强化学习等几种类型。有监督学习是指利用已知的训练数据来训练模型，并根据模型预测的结果来调整模型的参数，以实现对未知数据的准确预测。无监督学习则是在没有预先标记的数据集上进行自动学习，目标是发现数据中的潜在结构和模式。强化学习则是让模型在一个强化学习环境中执行决策，并根据执行结果对模型进行反馈和调整，以实现最优决策的学习和预测。机器学习在人工智能和数据科学领域已经得到广泛应用，是当今最热门和最有前途的技术之一。

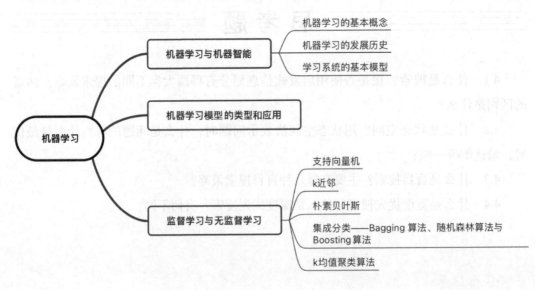

5.1 机器学习与机器智能

5.1.1 机器学习的基本概念

机器学习（machine learning），通俗地说就是研究如何用机器来模拟人类的学习活动，以使机器能够更好地帮助人类。通过对人类学习过程和特点的研究，建立学习理论和方法，并应用于机器，以改进机器的行为和性能，提高机器解决问题的能力。

机器要通过学习达到人类智能的水平，就必须满足以下条件。

首先，它必须具备自主或主动获取和处理知识的能力。主动获取知识是机器智能的瓶颈问题。机器学习的理想目标是让机器能够通过阅读书本、与人谈话、观察环境等自然方式获取知识。

其次，它必须具备主动事物识别和模式分类的能力。更重要的是，它还必须具备通过少数数据、样本进行抽象、概括、归纳，并从中发现关系、规律、模式等的能力。

最后，它必须具备常识学习能力。也就是说，机器必须像人一样掌握常识进而形成知识。

机器学习专门研究机器（主要是计算机）怎样模拟或实现学习能力，以获取新的知识或技能，重新组织已有的知识结构，不断改善自身的性能，从而实现机器智能。机器学习是使计算机等机器具有智能的重要途径之一。

机器学习的研究工作主要从以下 3 个方面进行：一是认知模型的研究，通过对人类学习机理的研究和模拟，从根本上解决机器学习方面存在的种种问题；二是理论学习的研究，从理论上探索各种可能的学习方法，并建立起独立于具体应用领域的学习算法；三是面向任务的研究，主要目的是根据特定任务的要求建立相应的学习系统。

5.1.2 机器学习的发展历史

机器学习是计算机科学的子领域，也是人工智能的一个分支和实现方式。其起源可以追溯到 20 世纪 50 年代以来人工智能的符号演算、逻辑推理、自动机模型、启发式搜索、模糊数学、专家系统以及神经网络的反向传播算法等。机器学习的发展分为知识推理期、知识工程期、浅层学习（shallow learning）期和深度学习（deep learning）期几个阶段。

5.1.3　学习系统的基本模型

学习系统的基本模型结构可以简单地表示成图 5.1 所示的形式，在宏观上它是一个有反馈的系统。机器学习的实现依赖于学习系统，学习系统能够利用过去与环境作用时得到的信息并提高自身的性能。

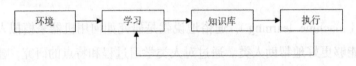

图 5.1　学习系统的基本模型结构

从学习系统的基本模型结构可以看出，学习系统不仅与环境和知识库有关，而且包含学习与执行两个环节。学习系统中的环境是指学习系统进行学习时的信息来源。在学习环节中，机器先从环境获取外部信息，然后通过对获取信息的分析、综合、类比和归纳等过程生成知识，所生成的知识被放入知识库，即学习是将外界信息加工成知识的过程。知识库是以某种形式表示的知识的集合，用来存放学习环节所得的知识。执行环节是指利用知识库中的知识完成某种任务的过程，完成任务过程中所获得的一些信息将反馈给学习环节，以提高学习性能。

适当的学习环境是建立学习系统模型的一个重要因素，环境所提供的信息水平与质量都影响着机器的性能。即如果没有很好的环境，提供的信息杂乱无章，则学习部分不容易处理，必须从足够多的数据中提取原则，然后放入知识库中，这增加了学习环境的设计负担。

知识库是设计学习系统的另一重要因素，常用的知识表示方法有多种，如谓词、产生式、语义网络等。选择合适的表示方法也是很重要的，选择表示方法时，应当遵循以下一些原则：其一，所选择的表示方法要能够很好地表达相关的知识，因为不同的知识表示方法适用于不同的对象；其二，尽可能地使推理容易些；其三，要考虑知识库的修改难易程度；其四，要考虑知识是否易于扩展。随着系统学习能力的提高，单一的知识表示方法已不能满足需要，有的时候还需要几种知识表示方法同时使用，以适应外部环境需要。

5.2　机器学习模型的类型和应用

机器学习有一个庞大的技术体系，涉及众多算法和学习理论。机器学习模型的类型主要有以下 4 种划分方式。

1. 按方法划分

按所用方法的不同，可以将机器学习模型划分为线性模型和非线性模型。线性模型较为简单，但作用不可忽视，它是非线性模型的基础，很多非线性模型都是在其基础上演变而来的；非线性模型又可以划分为传统机器学习模型（如支持向量机、k 近邻算法、决策树等）和深度学习模型。

2. 按学习理论划分

按学习理论的不同，可以将机器学习模型划分为有监督学习、半监督学习、无监督学习、迁移学习和强化学习。

3. 按任务划分

按任务的不同，可以将机器学习模型划分为回归模型、分类模型和结构化学习模型。回归模型又叫预测模型，输出是一个不能枚举的数值；分类模型又可分为二分类模型和多分类模型，常见的二分类问题是垃圾邮件过滤问题，常见的多分类问题是文档自动归类问题；结构化学习模型的输出不是一个固定长度的值，如图片语义分析输出的是对图片的文字描述。

4. 按求解算法划分

按求解算法的不同，可以将机器学习模型划分为生成模型和判别模型。给定特定的矢量 x 与标签值 y，生成模型对联合概率 $P(y,x)$ 建模，判别模型对条件概率 $P(y\,|\,x)$ 建模。常见的生成模型有贝叶斯分类器、高斯混合模型、隐马尔可夫模型、受限玻耳兹曼机、生成对抗网络等；典型的判别模型有决策树、k 近邻算法、人工神经网络、支持向量机、Logistical（逻辑斯谛）回归和 AdaBoost 算法等。

机器学习较成功的应用领域涉及模式识别、数据挖掘、计算机视觉、图像处理等，此外，它还被广泛应用于自然语言处理、生物特征识别、搜索引擎、医学诊断、检测信用卡欺诈、证券市场分析、DNA 基因测序、语音和手写字符识别、战略游戏和机器人等领域。机器学习与人工智能的一些重要分支或研究领域都有着紧密联系，如图 5.2 所示。

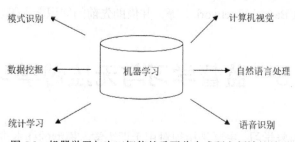

图 5.2　机器学习与人工智能的重要分支或研究领域的关系

（1）模式识别

模式识别是从工业界发展起来的，而机器学习来自计算机科学，可以将二者视为人工智能的两个方面。模式识别的主要方法都是机器学习的主要方法。

（2）数据挖掘

数据挖掘是利用机器学习等方法在数据中寻找规律和知识的领域，因此可以认为：数据挖掘＝机器学习＋数据库。

（3）统计学习

统计学习是与机器学习高度重叠的学科，因为机器学习中的大多数方法都来自统计学，甚至可以说，统计学习的发展促进了机器学习的兴盛。二者的区别在于，统计学习重点关注的是统计模型的发展与优化，侧重于数学；而机器学习重点关注的是如何解决问题，侧重于实践。

（4）计算机视觉

图像处理技术用于将图像处理为适合进入机器学习模型的输入，机器学习则负责从图像中识别出相关的模式。手写字符、车牌、人脸等的识别都是计算机视觉和模式识别的应用。计算机视觉的主要基础是图像处理和机器学习。

（5）自然语言处理

自然语言处理是让机器理解人类语言的一门技术。在自然语言处理中，大量使用了编译原理相关的技术，如语法分析等。除此之外，在理解层面，其使用了语义理解、机器学习等技术，因此自然语言处理的基础是文本处理和机器学习。

（6）语音识别

语音识别是利用自然语言处理、机器学习等的相关技术实现对人类语音进行识别的技术。语音识别的主要基础是自然语言处理和机器学习。

事实上，很多机器学习方法与人类真正的学习方式没有关系，如统计学习。统计学习是由数学统计学发展而来的一种机器学习方法，因为学习算法中涉及了大量的统计学理论，所以也被称为统计学习理论。其目的在于采用经典统计学中大量久经考验的技术和操作方法，如贝叶斯网络（Bayesian network）等，并借助先前的知识概念等实现机器智能。

5.3　监督学习与无监督学习

机器学习中的监督学习，主要是指须对用于训练学习模型的样本进行人工标注或打标签，即须事先通过人工方式把数据分成不同的类别。人类大脑的模式识别能力一部分是与生俱来的，另一部分是经过后天学习和训练而获得的。但机器不具备这样的能力，因此必须对输入的数据进行标注，并将这种标注好的数据输入给机器学习模型，才能使模型具备一定的学习能力，完成分类、预测等任务。通俗地说，监督学习就是首先拿已经分好类的样本对机器学习模型（如神经网络）进行训练，即确定模型参数（神经网络的连接权值系数和偏置等参数），然后把待分类的样本输入经过训练的机器学习模型中进行分类。

在实际应用中，机器学习主要以监督学习为主，另外还有无监督学习、半监督学习以及小样本、弱标注等技术。监督学习需要借助标签通过学习输入和输出之间的关系来预测新数据的输出，支持向量机、k 近邻模型都属于这一类。无监督学习与监督学习相比，最大的区别就是其数据训练集没有人为标注，常见的无监督学习算法是聚类算法。半监督学习介于监督学习与无监督学习之间，是结合（少量的）标注训练数据和（大量的）未标注训练数据来进行学习的。单层感知机、卷积神经网络和循环神经网络的网络模型训练都属于监督学习，而深度置信网络是基于概率的"生成模型"，预训练过程是无监督学习，依靠无监督的"逐层初始化"训练每层受限玻耳兹曼机。

监督学习的实现主要依靠各种分类方法。机器要处理的所有数据都要先由人定义好相应的类别，再用分类算法进行训练，最后得到可以使用的分类器。由于分类方法不同，因此各种分类器的性能也有差异。

5.3.1 支持向量机

1. 概念

给定两组不同类别的数据点，找一个超平面把它们分割开，并希望这个超平面离这两组数据点的距离尽可能大。这样，我们就认为超平面一侧是一个类别，另一侧则是另一个类别。当新来一个数据点时，只需看它在这个超平面的哪一侧，就可以预测其类别。

2. 任务类型

支持向量机（support vector machine，SVM）通常用来处理有监督的分类问题，即需要一定的有类别标注的训练样本来确定超平面，然后对没有类别标注的样本进行类别预测。SVM 既可以处理两类别分类问题，也可以通过对类别进行划分，处理多类别分类问题。以 SVM 的思路处理回归问题的算法称为支持向量回归（support vector regression，SVR）。

3. 基本 SVM 算法流程

为了让分界面更靠近"正中间"，并且和已有的训练数据有一定间隔，我们找到两条边界线，使正样本都在靠近正样本边界线的一侧，而负样本都在靠近负样本边界线的一侧，它们中间的这些空白就是为了更好地泛化而留出来的间隔。最终的分界线就在这两条边界线的正中间。SVM 的基本流程如图 5.3 所示，就是把上述操作转化为一个优化流程。用两类样本分别在边界的一侧而不越界确定约束条件，优化的目标是使间隔最大。找到最优解后，将其作为分界线，就可以对新来的测试样本进行分类了。

图 5.3　SVM 的基本流程

5.3.2　k 近邻

1. 概念

k 近邻模型用来处理根据特征预测类别的分类问题。它的实现方式很直接也很简单：假设有一定量的训练数据，这些数据是已知类别的。对于新来的样本，在特征空间中找到距离它最近的 k 个训练样本，并找到这 k 个样本里所属最多的是哪个类别，将该类别作为新来样本的预测结果。

2. 任务类型

k 近邻模型处理的任务类型主要是有监督的分类问题，但是实际上 k 近邻模型也可以处理回归问题。在回归问题中，将分类问题中对 k 个近邻样本的类别多数表决得到最终预测结果的过程修改为：对 k 个近邻样本的输出值取平均（也可以是与距离相关的加权平均），得到预测结果。在实际操作中，k 近邻模型思路简单，对于数据分布等也没有太多假设，因此很多任务场景都可以应用。由于其没有训练过程，因此比较适用于训练集经常更新的任务（如在线预测或者分类）。

5.3.3　朴素贝叶斯

1. 朴素贝叶斯模型

（1）基本概念

朴素贝叶斯模型的基本思路就是利用贝叶斯的后验概率公式来推算当前属性下的数据样本属于哪个类别。直白地说，就是在特征属性为当前取值的条件下，该样本归属于哪个类别的可能性最大，就把该样本判断为哪个类别。从这样的描述中可以看出，实际上我们关注的就是条件概率。而根据贝叶斯定理，条件概率实际上与"类别本身的概率"

和"在该类别条件下特征属性为当前取值的条件概率"这两者的乘积成正比。由于特征属性维度较高，朴素贝叶斯通过假设属性条件独立，简化了计算。这就是朴素贝叶斯模型的基本思路。

（2）任务类型

朴素贝叶斯模型一般用于处理分类问题。朴素贝叶斯模型假设了特征属性之间的条件独立性，虽然现实中的数据不一定都能满足该假设，但是即便不满足假设，模型在很多场景的结果也是可以接受的。朴素贝叶斯模型经常被应用于文本相关的分类问题，如垃圾邮件的过滤、新闻类别的分类等。

2. 朴素贝叶斯分类器

朴素贝叶斯也称为简单贝叶斯，是一种十分简单的分类算法。朴素贝叶斯分类器的基础是贝叶斯定理。基于贝叶斯式来估计后验概率的主要困难是：条件概率难以从有限的训练样本中直接估计而得。因此，朴素贝叶斯分类器会针对已知类别假设所有特征相互独立。

$$P(y_k \mid x_i) = \frac{P(x_i \mid y_k)P(y_k)}{P(x_i)} = \frac{P(x_i, y_k)}{P(x_i)}\frac{P(y_k)}{P(x_i)} = \prod_{i=1}^{d} P(x_i \mid y_k) \qquad （5.1）$$

x_i 表示样本的特征，y_k 表示样本的类别，$P(y_k)$ 是类别的先验概率，$P(y_k \mid x_i)$ 表示不同特征相应的类别概率。我们由训练集可以计算出所有的 $P(y_k)$，以及以类别为条件时特征的条件概率 $P(x_i \mid y_k)$。对所有类别来说，$P(x_i)$ 相同，所以可以直接利用朴素贝叶斯分类器的判定准则式对 $P(x_i \mid y_k)$ 进行判别：

$$P(x_i \mid y_k) = P(x_1 \mid y_k)P(x_2 \mid y_k)\cdots P(x_n \mid y_k)$$
$$P(x_i) = \sum_{k=1}^{K} P(x_i \mid y_k)P(y_k) \qquad （K \text{表示类别数}） \qquad （5.2）$$

5.3.4　集成分类——Bagging 算法、随机森林算法与 Boosting 算法

集成分类是将多个分类器集成在一起的技术。该技术通过从训练数据中选择不同的子集来训练不同的分类器，然后使用某种投票方式综合各分类器的输出，最终输出基于所有分类器的加权和。最流行的集成分类技术包括 Bagging 算法、随机森林算法和 Boosting 算法。

1. Bagging 算法

Bagging（Bootstrap aggregating，引导聚集）算法，又称装袋算法，是机器学习领域的一种团体学习算法，具体流程介绍如下：

（1）对给定数据集进行有放回采样，产生 m 个新的训练集；

（2）训练 m 个分类器，每个分类器对应一个新产生的训练集；

（3）通过 m 个分类器对新的输入进行分类，选择获得"投票"最多的类别，即大多数分类器选择的类别。

Bagging 算法的分类器可以选用 SVM、决策树、深度神经网络等，其思想就是将各种分类算法或方法通过一定的方式组合起来，形成一个性能更加强大的分类器。这是一种将弱分类器组装成强分类器的方法。

2. 随机森林算法

随机森林算法是当今非常流行的套袋集成技术，由许多决策树组成，并利用 Bagging 算法进行训练。决策树（decision tree）是一种基本的分类与回归方法，此处主要讨论分类的决策树，它是一种机器学习预测模型。

决策树是一种树形结构，每个节点表示一个特征分类测试，且仅能存放一个类别，每个分支代表输出。从决策树的根节点开始，选择树的其中一个分支，并沿着选择的分支一路向下直到叶子节点，将叶子节点存放的类别作为决策结果。

在随机森林算法中，首先，输入变量穿过森林中的每棵树。然后，每棵树会预测出一个输出类别，即树为输出类别"投票"。最后，森林选择获得树投票最多的类别作为它的输出。

在训练过程中，可通过以下方式获得随机森林中的每棵树。

（1）与 Bagging 算法一样，对原始训练数据集进行 n 次有放回的采样以获得样本，并构建 n 棵决策树。

（2）使用样本数据集生成决策树：从根节点开始，在后续的各个节点处，随机选择一个由 m 个输入变量构成的子集，在对这 m 个输入变量进行测试的过程中，将样本分为两个单独类别，对每棵树都进行这样的分类，直到该节点的所有训练样本都属于同一类。

（3）将生成的多棵分类树组成随机森林，用随机森林算法对新的数据进行分类，通过多棵树投票决定最终的分类结果。

由于随机森林算法在具有大量输入变量的大数据集上表现良好、运行高效，因此近年来它愈加流行，并且经常成为很多分类问题的首选方法。它训练快速并且参数可调，同时不必像 SVM 那样调整很多参数，所以在深度学习出现之前一直比较流行。

3. Boosting 算法

Boosting 算法是一种框架算法，也是一种重要的集成机器学习技术。它首先会在对训练集进行转化后重新训练出分类器，即通过对样本集进行操作获得样本子集，然后用弱分类算法在样本子集上训练生成一系列的分类器，从而对当前分类器不能很好分类的数据点实现更好的分类。其主要算法有自适应提升（adaptive boosting，AdaBoost）和梯度提升决策树（gradient boosting decision tree，GBDT）。

Boosting 算法的思路：一个专家进行判断后，首先对其判断结果进行评估，如准确度有多少，哪些样本判断错误；然后由新的专家再进行判断。要注意的是，这时新的专家和第一个专家所面临的情况不同，因为他不但可以利用训练集，还能利用上一个专家的判断结果。

Boosting 算法可以将弱分类器构建成一个能够满足实际任务要求的强分类器，其基本步骤如下。

首先，样本之间的权重被初始化为相同值，然后用该样本集和权重来训练模型（直接将权重和样本数据作为参数传入，或者先重采样，再将新样本集作为参数传入）。训练完成后，就可以计算出模型分类的错误率，并得知对于各个样本的分类是否正确。错误率被记录下来，用于形成本次模型的权重系数，错误率越高，权重越小；错误率越低，权重越大。而各个样本被分类得正确与否被用来更新样本的权重，被分错的样本权重增加，而被分对的样本权重则减小。然后进行下一轮训练，以此类推。最后，将每一轮得到的模型根据由错误率计算出的系数组合起来，就实现了 Boosting 算法的最终模型集成。

5.3.5　k 均值聚类算法

基于中心的聚类算法关注簇内的样本点与簇的中心点的关系。在这种思路下，每个样本点都可以用一个从该样本点所属的簇中心点出发到该样本点的矢量来表征，然后通过优化，使这些矢量尽量短一些，从而使样本点更靠近簇的中心点。k 均值聚类算法是一种非常经典的基于中心的聚类算法，其思路直观，易于理解，且实现过程也不复杂。

1. k 均值聚类算法的基本思路

k 均值聚类算法的基本思路就是求解一个优化问题，其优化目标是使簇内部的这些样本点到这个簇的中心点的总距离最短。该距离反映的就是希望划分为同一类别的元素之间的紧凑程度。样本点到所属的簇的中心点的距离越短，说明该簇的样本点属性差别越小，即更“像”是同一类。其优化目标的数学表达式为：

$$\min \sum_{k} \sum_{x_i \in c_k} \| x_i - m_k \|_2^2 \tag{5.3}$$

其中，c_k 为第 k 个簇；x_i 为样本点特征；m_k 为第 k 类的中心点（簇内样本点特征均值）。

可以这样理解：每个簇的中心点实际上就是该簇内样本点的一个"平均特征"，即簇的中心点代表了对于簇内样本点特征的一种概括性的表达，反映了簇内样本点的某种共性，因此，簇的中心点有时也被称为原型（prototype）。以这种方式理解，则目标函数实际上描述的就是每一簇内的样本点符合该共性的程度。

2. k 均值聚类算法步骤

将需要被聚类的样本集记作 $S = \{x_1, x_2, \cdots, x_n\}$，k 均值聚类算法的步骤如下。

首先确定希望聚成的簇的数目 k，然后对 k 个簇的中心点进行初始化。初始化时可以直接随机指派 k 个样本点作为初始的簇中心点；也可以通过随机将每个样本点归类到一个簇中，然后计算这些簇的中心位置作为初始的簇中心点。指定好 k 个簇中心点后（这里记作 $M = \{m_1, m_2, \cdots, m_n\}$），即进入迭代过程。

在迭代过程中，每次迭代都需要执行两个步骤：样本归类和中心更新。

样本归类：对于样本集中的每个样本点 x_i，分别计算它与现在的 k 个簇中心各自的距离，然后选择距离最近的簇作为样本点 x_i 所属的簇。其数学表达式如下：

$$C(x_i) = \text{argmin}_j \| x_i - m_j \|_2^2 \tag{5.4}$$

其中，$C(x_i)$ 为样本点 x_i 所属的簇。

中心更新：所有样本点都完成归类后，对于现在每个簇中的所有样本点，计算其中心作为新的簇中心 M_j。其数学表达式如下：

$$M_j = \frac{1}{|S_j|} \sum_{x_i \in s_j} x_i \tag{5.5}$$

其中，S_j 为当前属于第 j 簇的样本集合。

下面结合 k 均值聚类算法要优化的目标函数，分析这两个过程。

首先来看样本归类过程，由于每个样本点都会找到离自己最近的簇中心点，并且归属到各簇，因此该操作会减小（至少保持不变）目标函数的值。原因在于，假设某样本点在某次迭代后，其所属的簇没有变，那么该样本在目标函数中的那一项就不变；如果更新后样本点所属的簇变了，那么说明该样本点找到了更近的簇，因此目标函数中计算该样本点到簇中心点的距离的那一项就会减小。总之，目标函数的值会不变或减小。

然后来看中心更新过程。在样本点重新归类后，新形成的簇中心点并不一定还在原来的位置。那么，与某一簇的所有样本点平均距离最近的点，必然在它们的均值位置。因此，该过程也只会使目标函数的值不变或减小。

这样一来，随着迭代的进行，目标函数的值一定会不变或减小，如果不变则说明迭代已经收敛。那么，它会不会一直减小下去呢？答案是不会，因为簇的数目已经给定，一个样本点只能属于 k 个簇中的某一个，因此总共可能的情况是有限的，因此目标函数的值必然减小到一定程度就停止。这说明经过多次迭代后，算法一定会收敛。收敛后的结果就是最终得到的聚类结果。

5.4　小　　结

本章介绍了机器学习的基本概念、类型及主要的监督学习和无监督学习方法。随着大数据的发展和计算机运算能力的不断提升，我国人工智能技术研究在最近几年取得了令人瞩目的成就。一些前沿领域开始进入并跑、领跑阶段，科技实力正在从量的积累迈向质的飞跃，从点的突破迈向系统能力提升。本章的内容有助于读者理解机器学习在人工智能领域的重要地位、主要思想和方法，可为其后续理解深度学习等技术在模拟感知智能等方面的作用奠定基础。

机器学习拓展阅读

思 考 题

5.1　什么是机器学习？

5.2　机器学习的主要方法和类型有哪些？

5.3　机器学习的一般步骤是什么？

5.4　机器学习对于形成机器智能可以起到什么作用？

5.5　什么是分类？主要的分类算法有哪些？

5.6　k 均值聚类算法有什么优点和缺点？

5.7　论述贝叶斯分类器的基本概念。

第6章
深度学习

深度学习是人工智能领域中较为热门的一种机器学习技术。人工智能领域主要研究如何让机器完成通常利用人类智能才能完成的复杂工作，这是一个对人的意识、思维进行模拟和学习的过程。深度学习模仿人类神经网络的工作方式，广泛应用于图像识别、语音识别、自然语言处理等多个领域。

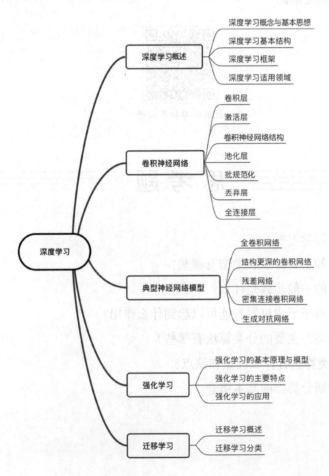

6.1　深度学习概述

6.1.1　深度学习概念与基本思想

1. 深度学习概念

深度学习是多学科交叉领域，涉及神经网络、人工智能、建模、最优化理论、模式识别和信号处理等。需要注意的是，深度学习用于在信号和信息处理内容中通过学习获得一种深度结构。它不是对信号和信息处理知识的理解，尽管从某些意义上说有些相似，但其重点在于通过学习获得一种 DCNN 结构，是实实在在存在的一种计算机可存储结构，这种结构表示了信号的某种意义上的内涵。

深度学习模型通常包含多个神经网络层，每个层处理不同的特征和信息，并将处理结果传递给下一层。这些神经网络层的深度可以非常大，可以超过几百层。每个神经网络层都包含许多节点（也称为神经元），这些节点将输入数据进行线性变换和非线性变换，并输出结果。

深度学习的核心思想是使用大量的数据进行模型训练，从而使神经网络自动学习到数据中的特征和模式。深度学习在图像处理、语音识别、自然语言处理、视频分析等多个领域都取得了令人瞩目的成果。

2. 深度学习基本思想

假设有一个系统 S，它有 n 层（分别为 $S_1, S_2, \cdots, S_n$），它的输入是 I，输出是 O，形象地表示为 $I \rightarrow S_1 \rightarrow S_2 \rightarrow \cdots \rightarrow S_n \rightarrow O$，如果输出 O 等于输入 I，即输入 I 经过这个系统变化之后没有任何的信息损失，则意味着输入 I 经过每一层 S_i 都没有任何信息损失，即在任何一层 S_i，它都是原有信息（即输入 I）的另外一种表示。现在回到主题——深度学习，我们需要自动地学习特征，假设有一堆输入 I（如一堆图像或者文本），并设计了一个系统 S（有 n 层），通过调整系统中的参数，使得它的输出仍然是输入 I，就可以自动地获取输入 I 的一系列层次特征，即 $S_1, S_2, \cdots, S_n$。

对深度学习来说，其思想就是堆叠多个层，也就是说这一层的输出作为下一层的输入。通过这种方式就可以实现对输入信息的分级表达。另外，前面假设输出严格等于输入，限制太严格，可以略微放宽限制，只要使得输入与输出的差别尽可能地小即可。放宽限制会导致另外一类不同的深度学习方法。上述就是深度学习的基本思想。

6.1.2　深度学习基本结构

DCNN 结构灵活，但其大多是由很多基本的网络结构组成的，分别是多层感知机（multilayer perceptron，MLP）、卷积神经网络（convolutional neural network，CNN）以及循环神经网络（recurrent neural network，RNN）。

MLP 的结构特点是输入层与输出层之间存在一个或多个隐藏层。输入层用于获取外部输入信号，只有隐藏层和输出层的神经元为计算节点。每层都对上一层的输入进行加权处理，然后通过激活函数进行非线性变换，参数通过反向传播算法进行训练。

卷积神经网络最初应用于图像数据，根据图像数据特点进行近似与优化。除了通用的网络结构，卷积神经网络还包含几个特有的网络组件，例如卷积层、池化层、全连接层等。神经网络参数通过反向传播算法进行训练。

RNN 应用于时序数据，例如文本和语音数据，RNN 针对时序数据的特点进行相应的网络结构设计。RNN 由多个神经元按照时序串联而成，每个神经元都可以通过长短期记忆（long short term memory，LSTM）、门控循环单元（gated recurrent unit，GRU）等进行实现。

6.1.3　深度学习框架

深度学习框架可以说是一个库或工具，它使我们在无须深入了解底层算法细节的情况下，能够更容易、更快速地构建深度学习模型。深度学习框架利用预先构建和优化好的组件集合定义模型，为模型的实现提供了一种清晰而简洁的方法。利用合适的框架能够快速构建模型，这里的框架就好比房子的整体建筑，而我们在这个框架下编程就类似于对房子进行装修。

目前有多种开源深度学习框架，包括 TensorFlow、Caffe、PyTorch、Keras、CNTK、Torch7、MXNet、Leaf、Theano、Deeplearning4j、Lasagne、Neon 等，下面介绍其中较为流行的几种框架。

1. TensorFlow

TensorFlow 的前身是神经网络算法库 DistBelief，由"谷歌大脑"团队开发和维护，自 2015 年 11 月 9 日起，开放源代码。TensorFlow 是一个使用数据流图进行数值计算的开源软件库，被广泛应用于各类机器学习算法的编程实现，用数据流图中的节点表示数学运算，图中的边表示节点之间传递的多维数据阵列（又称张量）。TensorFlow 灵活的体系结构允许使用单个应用程序接口（application program interface，API）将计算部署到服务器或移动设备中的某个或多个 CPU（central processing unit，中央处理器）或 GPU（graphics processing unit，图形处理单元）中。

在工业领域，TensorFlow 目前仍然是首选框架。2019 年 10 月，这个全球用户最多的深度学习框架正式推出了 TensorFlow 2.0。谷歌深度学习科学家、Keras 作者弗朗索瓦·肖莱（Francois Chollet）认为 "TensorFlow 2.0 是一个来自未来的机器学习平台，它改变了一切。"

2．Caffe

Caffe 是一个清晰而高效的深度学习框架，由美国加利福尼亚大学伯克利分校人工智能研究小组与伯克利视觉和学习中心共同开发。虽然其内核是用 C++编写的，但 Caffe 有 Python 和 MATLAB 的相关接口。在 TensorFlow 出现之前，Caffe 一直是深度学习领域 GitHub（全球最大的社交编程及代码托管平台之一）好评最多的项目。其主要优势为容易上手，网络结构都是以配置文件的形式定义的，不需要用代码设计网络，有较快的训练速度，组件被模块化，可以被方便地拓展到新的模型和学习任务上。

Caffe 最开始被设计时只针对图像，没有考虑文本、语音或者时间序列的数据，因此 Caffe 对卷积神经网络的支持非常好，但是对时间序列 RNN、LSTM 等的支持不是特别充分。Caffe 工程的 models 文件夹中常用的网络模型比较多，如 LeNet、AlexNet、ZFNet、VGGNet、GoogLeNet、ResNet 等。

3．PyTorch

在 2017 年，Torch 的幕后团队推出了 PyTorch。PyTorch 不是简单地封装 Lua、Torch 以提供 Python 接口，而是对 TensorFlow 之上的所有模块进行了重构，并新增了自动求导系统，进而成为当下非常流行的动态图框架。考虑到 Python 在计算科学领域的领先地位，以及其生态完整性和接口易用性，几乎任何框架都不可避免地要提供 Python 接口。

PyTorch 是一个 Python 开源深度学习框架，由 Facebook（现叫 Meta）人工智能研究院开发。它是一个基于 Torch 的 Tensor 计算和动态计算图的库，构建了一个先进的深度学习计算平台。PyTorch 提供了一系列用于开发深度学习应用程序的工具和接口，支持 GPU 加速，可与 NumPy 进行交互，并提供了高水平的抽象，可以加快开发速度和改善代码可读性。它的动态计算图特性使得用户可以在许多情况下更直观地理解和调试模型的行为。

4．Keras

Keras 是一个高层神经网络 API，由 Python 编写而成，并将 TensorFlow、Theano（一个 Python 库，被认为是深度学习研究和开发的行业标准）及 CNTK（微软开源的人工智能工具包）作为后端。Keras 为支持快速实验而生，能够把想法迅速转换为结果。Keras

应该是深度学习框架之中最容易上手的一个，它提供了一致而简洁的 API，能够极大地减少一般应用下用户的工作量，避免用户"重复造轮子"。

严格意义上讲，Keras 并不能称为一个深度学习框架，它更像一个深度学习接口，构建于第三方框架之上。因此，Keras 的缺点很明显：过度封装导致其丧失了灵活性，许多 bug 都隐藏于封装之中。灵活性的丧失导致学习 Keras 十分容易，但同时也遇到了瓶颈。2015 年，Keras 的初始版本被公开后就开放了其源代码。

6.1.4 深度学习适用领域

深度学习研究及应用的一个目标是算法及网络结构尽量能够处理各种任务，而深度学习的现状是在各个应用领域仍然需要结合领域知识和数据特性进行一定结构的设计。

深度学习应用领域主要有计算机视觉（computer vision）、语音识别和自然语言处理等。计算机视觉用于解决如何使机器"看"这个问题的科学，包括图像识别、物体检测、人脸识别、图像描述等。

图像识别问题的输入是一张图片，输出的是图片中要识别的物体类别。从 2012 年以来，卷积神经网络和其他深度学习技术就已经占据了图像识别的主流地位。物体检测问题的输入是一张图片，输出的是待检测物体的类别和所在位置的坐标，通过深度学习方式可以解决。人脸检测是将一张图片中的人脸位置识别出来，而人脸校准是将图片中人脸更细粒度的五官位置找出来，人脸识别是给定一张图片，检测数据库中与之最相似的人脸。图像描述不但能够识别图像中的物体类别，理解物体之间的关系，而且能够让计算机"生成"自然语言，流畅、准确地描述图像中的主要内容，包括图像中主要的场景、场景中的对象、对象的状态以及对象之间的关系。

深度学习在语音识别中的作用很大一部分表现在特征提取上，可以将其看成一个更复杂的特征提取器。

从自然语言处理底层的分词、语言模型、句法分析等到高层的对话管理、知识问答、聊天、机器翻译等方面几乎全部都有深度学习模型的身影，并且取得了不错的效果。

6.2 卷积神经网络

卷积神经网络是多层感知机的变体，根据生物视觉神经系统中神经元的局部响应特性设计，采用局部连接和权值系数共享的方式降低模型的复杂度，极大地减少了训练参数，提高了训练速度，也在一定程度上提高了模型的泛化能力。卷积神经网络是目前多种神经网络模型中研究最为活跃的一种，一个典型的卷积神经网络主要有如下结构。

6.2.1　卷积层

卷积层（convolutional layer）是卷积网络的核心，卷积网络采用卷积层来实现局部连接和参数共享。

卷积层通过卷积操作来提取输入特征图中的特征，卷积就是一种提取图像特征的方式，特征提取依赖于卷积运算，其中运算过程中用到的矩阵被称为卷积核。整个卷积层的卷积过程如下：首先，选择某一规格大小的卷积核，其中卷积核的数量由输出图像的通道数量决定；其次，将卷积核按照从左往右、从上到下的顺序在二维数字图像上进行扫描，分别将卷积核上的数值与二维数字图像上对应位置的像素值进行相乘求和；最后，将计算得到的结果作为卷积后相应位置的像素值，这样就得到了卷积后的输出图像。

卷积核的取值在没有学习经验的情况下，可由函数随机生成，再逐步训练调整，当所有像素都至少被覆盖一次后，就可以产生一个卷积层的输出。卷积核的大小一般小于输入图像的大小，因此卷积提取出的特征会更多地关注局部。每个神经元只需要对局部图像进行感知，然后在更高层将局部的信息综合起来，就可以得到全局的信息。

卷积层的作用就是在训练时通过不断地改变所使用的卷积核，从中选取出与图片特征最匹配的卷积核，进而在图像识别过程中，利用这些卷积核的输出来确定对应的图像特征。由于卷积操作会导致图像变小（损失图像边缘），所以为了保证卷积后图像大小与原图一致，常用的一种做法是人为地在卷积操作之前对图像边缘进行填充。

6.2.2　激活层

激活层（activation layer）通常被用于引入非线性特征，以增加模型的表达能力和拟合能力。激活层接收上一层的输出结果，并按照某种特定的函数进行激活，输出到下一层。激活层主要由激活函数组成，即在卷积层输出结果的基础上嵌套一个非线性函数，让输出的特征图具有非线性关系。

常见卷积神经网络的激活函数有 Sigmoid、tanh、ReLU 函数。

引入激活层的主要目标是解决线性函数表达能力不够的问题。线性整流层作为神经网络的激活函数，可以在不改变卷积层的情况下增强整个网络的非线性特性，也可在不改变模型的泛化能力的同时提升训练速度。

ReLU 的函数形式如：

$$f(x) = \begin{cases} 0 & x < 0 \\ x & x \geqslant 0 \end{cases} \qquad (6.1)$$

能够限制小于 0 的值为 0，同时大于等于 0 的值保持增长幅度不变。

线性整流层的函数有以下几种形式：

$$f(x) = \max(0, x) \qquad (6.2)$$

$$f(x) = \tanh(x) \qquad (6.3)$$

$$f(x) = |\tanh(x)| \qquad (6.4)$$

$$f(x) = (1 + e^{-x})^{-1} \qquad (6.5)$$

其中 $f(x) = (1 + e^{-x})^{-1}$ 是 Sigmoid 函数，它是传统的神经网络激活函数，将输出压缩为 0~1，这样就可以用于分类的操作。

目前主要使用 ReLU 函数作为激活函数，优点是收敛快，并且计算成本低。研究表明，生物神经元的信息编码是比较分散和稀疏的，并且可更加有效地进行梯度下降和反向传播，可以避免梯度消失的问题，同时活跃度的分散性使得网络的计算成本较低。

6.2.3　卷积神经网络结构

卷积神经网络（CNN）是通过模拟人脑视觉系统，采用卷积层和池化层依次交替的模型结构。卷积层使原始信号得到增强，提高信噪比；池化层利用图像局部相关性原理，对图像进行邻域间采样，在减少数据量的同时提取有用信息，参数减少和权值系数共享使得系统训练时间长的问题得到改善。

1. 卷积神经网络结构及原理

卷积神经网络是一种多层网络，它的每一层由多个二维平面构成，卷积神经网络结构如图 6.1 所示。每一个二维平面由多个神经元构成。卷积神经网络的网络结构也可分为 3 部分：输入层、隐藏层与输出层。卷积神经网络的输入层直接输入二维图像信息，这一点与传统的神经网络输入层需输入一维矢量有所不同。隐藏层由 3 种网络组成，即卷积层、池化层和全连接层。在卷积层中，该层的每个神经元与上层对应的局部感受野相连，通过滤波器和非线性变换来提取局部感受野的特征。当每个局部特征被提取之后，不同的局部特征间的空间关系也就确定下来了。在池化层中，可以对卷积层提取的特征进行降维，同时可以增加模型的抗畸变能力。

在全连接层中，连接层的神经元和传统的神经网络一样是全连接的，模型中一般至少有一层全连接层。这种模型每一层之间都不是进行显式的特征提取，而是通过不断训练，隐式地得到输入样本的特征表示。输出层位于全连接层之后，对从全连接层得到的特征进行分类输出。

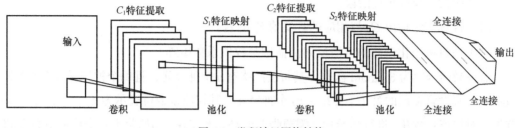

图 6.1　卷积神经网络结构

卷积神经网络同传统神经网络一样，工作状态分为训练阶段和测试阶段两部分。训练阶段是卷积神经网络学习的过程，在训练阶段中参数不断被优化；测试阶段是用全新数据集来评估已经训练完成的卷积神经网络的学习能力。卷积神经网络用于有监督的识别任务，即图像标签已知，然后让神经网络进行学习，从而将输入图像分到正确的标签类别中。长时间地训练图像数据集，不断更新卷积神经网络中的参数，之后在网络中得到用以划分样本空间的分类边界的位置，来对图像进行分类。卷积神经网络实质上是一种输入到输出的映射，可以用图像特征的算法并根据特定原则学习这种函数映射，该函数将一个输入图像块 X 映射到一个 K 维的特征矢量 f 中。对卷积网络进行训练，得到网络之间的连接权值系数 W，通过激活函数就会学习到输入输出对之间的映射能力。为了防止网络中的神经元因为权值系数过大而进入饱和状态，一般在训练开始前将权值系数 W 使用 0～1 的随机小数赋值。

前向传播先使用一组随机数对网络的权值系数进行初始化，然后使用训练数据进行迭代训练，通过误差函数计算出神经网络模型的实际输出与真实输出之间的误差。反向传播则根据前向传播所得误差，通过梯度下降算法对各层网络的权值系数进行优化更新。前向传播与反向传播交替进行，直到所得误差满足一定误差范围为止。

2. 卷积神经网络训练过程

训练过程分为两个阶段，共 4 步。

第 1 阶段，前向传播阶段。

（1）从样本数据集中随机取一个样本 X_P、Y_P，将 X 输入网络。

（2）通过层次计算得到相应的输出值 O_P。

在前向传播阶段，网络随机初始化网络连接的权值系数，但是权值系数不能全部为 0，也不能全部相同；信息从输入层经过逐级的变换，传播到输出层。网络执行的计算就是输入与每层的权值系数矩阵相点乘，逐层运算后得到最后的输出结果，如式（6.6）所示：

$$O_P = F_n(\cdots(F_2(F_1(X_P W^{(1)})W^{(2)})\cdots)W^{(N)} \tag{6.6}$$

第 2 阶段，反向传播阶段。

（1）计算实际输出 O_P 与相应的真实值 Y_P 的差。

（2）通过极小化误差的方法反向传播调整权值系数矩阵。

假设激活函数为 Sigmoid 函数，其每层网络有 n 个神经元，且每个神经元具有 n 个权值系数。假设第 K 层的第 $i(i=1,2,\cdots,n)$ 个神经元，其权值系数可表示为 $W_{i,1}, W_{i,2}, \cdots, W_{i,n}$。首先，对权值系数 $W_{i,j}$ 进行初始化。需要强调的是，要将 $W_{i,j}$ 初始化为一个接近 0 的随机数，这样梯度下降算法才可能收敛到局部最优解。输入训练数据样本 $X=(X_1, X_2, \cdots, X_n)$，对应真实输出 $Y=(Y_1, Y_2, \cdots, Y_n)$。通过权值系数计算得出每一层的实际输出如下：

$$U_i^K = \sum_{j=1}^{n+1} W_{i,j} X_i^{K-1} (X_{n+1}^{K-1}=1, W_{i,n=1}=-\theta_i)$$

$$X_i^K = f(U_i^K) \tag{6.7}$$

其中，U_i^K 表示第 i 个神经元在第 K 层的激活值（或输出值）。

$W_{i,j}$ 表示连接第 K–1 层的第 j 个神经元和第 K 层的第 i 个神经元的权重。

X_i^{K-1} 表示第 K–1 层的第 i 个神经元的激活值（或输出值）。

$W_{i,n=1}$ 表示连接第 K–1 层的第 n+1 个神经元和第 K 层的第 i 个神经元的权重，等于第 K 层的第 i 个神经元的阈值 θ_i 的相反数。

X_i^K 为第 K 层第 i 个神经元的输出。由期望输出及实际输出可求得各层的学习误差为 d_i^K，从而获得隐藏层和输出层的响应误差。假定输出层为 m，则表达式可写为：

$$d_i^m = X_i^m(1-X_i^m)(X_i^m - Y_i) \tag{6.8}$$

根据梯度误差的计算方法，其他层的学习误差可写为：

$$d_i^K = X_i^K(1-X_i^k)\sum_l W_{lj} d_l^{K+1} \tag{6.9}$$

其中，l 表示网络中的层级索引。

判断误差是否满足条件要求，若满足则算法结束，否则继续通过学习误差对权值系数进行修改，其表达式可写为：

$$W_{ij}(t+1) = W_{ij}(t) - \eta d_i^K X_j^{k+1} + \alpha \Delta W_{ij}(t) \tag{6.10}$$

其中，

$$\Delta W_{ij}(t) = -\eta d_i^K X_j^{k+1} + \alpha W_{ij}(t-1) = W_{ij}(t) - W_{ij}(t-1) \tag{6.11}$$

η 为学习率。修改之后的权值系数则重新用于求解网络实际输出，直至误差满足要求为止。

6.2.4 池化层

池化层又称为下采样层（downsampling layer），作用是对感受野内的特征进行筛选，提取区域内极具代表性的特征，能够有效地减小输出特征尺度，进而减少模型所需要的参数量。

池化是一种常用的减小空间尺寸的技巧，用于减少卷积层或其他层输出的空间维度（宽度和高度），同时保留重要的特征信息。池化的原理本质上是因为图像具有一种"静态性"的属性，在一个图像区域内有用的特征极有可能在另一个区域内同样有用。因此，可以对不同位置的特征进行聚合统计来描述一个大的图像。池化操作的步骤是首先对特征图的每个局部窗口数据进行融合，得到一个输出数据，然后采用大于 1 的步长扫描特征图。

池化按操作类型通常分为最大池化（max pooling）、平均池化（average pooling）和求和池化（sum pooling），它们分别提取感受野内最大、平均与总和的特征值作为输出，常用的是最大池化。

因为卷积层后接 ReLU 激活函数，ReLU 激活函数把负值都变为 0，正值不变，所以神经元的激活值越大，说明该神经元对输入局部窗口数据的反应越激烈，提取的特征越好。最大值操作还能保持图像的平移不变性，同时适应图像的微小变形和小角度旋转。

池化只减小空间维度尺寸，深度维度的尺寸保持不变。深度维度的尺寸可以看作空间位置处神经元提取的特征数量。随着空间维度尺寸的减小，神经元观察到的局部区域越来越大，会需要提取更多的特征，深度维度一般会随着空间尺寸的减小而增大。

6.2.5 批规范化

批规范化是 2015 年约费（Ioffe）和塞盖迪（Szegedy）等人提出的想法，目标是加速神经网络的收敛过程，提高训练过程中的稳定性。批规范化的基本思想是当没有进行数据批规范化处理时，数据的分布是任意的，会有大量数据处在激活函数的敏感区域外，而如果进行了数据批规范化处理，数据的分布相对来说就比较均衡了。

具体处理流程如下。

在用卷积神经网络处理图像数据时，往往将几幅图像作为一个批次同时输入网络中进行前向计算，该批次中所有图像的误差累积起来一起回传。批规范化方法其实就是对一个批次中的数据进行如下批规范化处理。

第 1 步，获得一个小批次的输入 $\beta = \{x_1, x_2, \cdots, x_m\}$。可以看出批次大小就是 m。

第 2 步，求这个批次的均值 μ 和方差 σ。

第 3 步，对所有 x_i 进行标准化处理，得到 $\dfrac{x_i - \mu\beta}{\sqrt{\sigma_\beta^2 + \varepsilon}}$。这里的 ε 是一个很小的数，用于避免因分母等于 0 带来的系统错误。

第 4 步，对 $\dfrac{x_i - \mu\beta}{\sqrt{\sigma_\beta^2 + \varepsilon}}$ 做线性变换，得到输出 y_i。

批规范化也不一定用在卷积层之后，但用在激活函数之前是必需的（这样才能发挥它的作用）。批规范化处理会在训练过程中调整每层网络输出数据的分布，使其更合理地进入激活函数的作用区。激活函数的作用区是指原点附近的区域，梯度弥散率低、区分率高。

6.2.6 丢弃层

在机器学习模型中，如果模型的参数太多，而训练样本又太少，训练出来的模型很容易产生过拟合现象。具体表现在：模型在训练数据上损失函数较小、预测准确率较高，而在测试数据上损失函数较大、预测准确率较低。过拟合是很多机器学习模型的通病。如果模型过拟合，那么得到的模型基本不能用。如果采用模型集成的方法，训练多个模型进行组合来解决过拟合问题，又会出现训练模型的耗时问题。

丢弃层是一种正则化技术，用于减少模型的过拟合。在训练过程中，丢弃层以一定的概率将输入中的部分神经元随机设置为 0，从而降低神经元之间的依赖关系。这样可以强制网络学习多个独立的特征子集，并减少神经元之间的共适应性，提高模型的泛化能力。

每进行一次前向传播，每个神经元都有一定的概率被丢弃。这样可以强制网络在训练中学习到更多的有效特征，并防止网络过度依赖某些特征而导致过拟合。在测试阶段，在所有神经元都参与计算的情况下，丢弃层相当于在训练过程中对每个神经元输出做了一个加权平均。这样可以大大降低网络的过拟合风险，提高泛化能力。

丢弃层在训练阶段采用，但在测试、验证和使用阶段通常会被停用。含有丢弃层的网络可以有更高的学习率，在损失函数的不同方向移动，因为将隐藏层中的几个输入值随机设置为 0 等同于训练不同的子模型。同时，含有丢弃层的网络可以排除无法优化的误差区域。丢弃层在非常大的模型中是非常有用的，它提高了整体性能，并降低了冻结某些权重和模型过拟合的风险。

6.2.7　全连接层

全连接层（full connected layer）负责对卷积神经网络学习提取到的特征进行汇总，将多维的特征输入映射为二维的特征输出，高维表示样本批次，低维常常对应任务目标。

数据分类工作由卷积神经网络的全连接层承担。因此，全连接层在整个卷积神经网络中起到"分类器"的作用。抽象地说，卷积层、池化层和激活层等是将原始数据映射到特征空间，全连接层是将前面得到的特征表示映射到样本的标记空间。

全连接层在接收到特征图后，首先将二维的特征图矩阵按自左向右、自顶向下的顺序转换成一维矢量，乘矢量中每个元素的连接权重矩阵，加上阈值，得到全连接层每个神经元的激活值。全连接层神经元采用的激活函数一般为 ReLU 激活函数，全连接层最后的输出是一组由 ReLU 函数生成的数值，这组数值将传递给最后的输出层。

6.3　典型神经网络模型

6.3.1　全卷积网络

通常，卷积网络由卷积层、池化层和全连接层组成。全卷积网络（fully convolutional network，FCN）是一种没有全连接层的卷积网络，但除了卷积层和池化层，还可以包含上采样层和反卷积层等其他具有空间平移不变形式的层。

FCN 的关键特征在于其所有层的计算都能够表示成某种空间平移不变的变换形式，主要用于图像的语义分割（semantic segmentation）。

基于卷积神经网络的语义分割方法一般用每个像素周围的图像块作为输入进行分类训练和预测，计算效率相对较低。而 FCN 则直接把整幅图像作为输入、把人工标签地图（label map）作为输出，训练一个端到端的网络，可以显著提高语义分割的计算效率和预测性能。

FCN 可以接收任意尺寸的输入图像，采用反卷积层对最后一个卷积层的特征图进行上采样，使它恢复到与输入图像相同的尺寸，从而可以对每个像素都产生一个预测，同时保留了原始输入图像中的空间信息，最后在上采样的特征图上进行逐像素分类。

一种构造 FCN 的方法是，首先把传统卷积网络的所有全连接层都改造成相应大小的密集卷积层。AlexNet 是一个卷积网络，其输入为 224×224×3 的图像，经过一系列的卷积层和池化层后，得到一个大小为 7×7×512 的卷积层，再经过两个含有 4096 个节点的全连接层，产生一个有 1000 个节点的输出层。相应地，FCN 把第 1 个含有 4096 个节点的全连接层改造成 4096 个卷积核大小为 7×7 的 1×1 卷积面，把第 2 个含有 4096 个节点的全连接层改造成 4096 个卷积核大小为 1×1 的 1×1 卷积面，把 1000 个节点的输出层改造成 1000 个卷积核大小为 1×1 的 1×1 卷积面（这个卷积面称为热力图）。

在改造全连接层之后，FCN 有两种方式产生密集输出：直接放大和拼接放大。直接放大是通过放大变换（比如上采样和反卷积），直接把热力图放大成一个与输入大小相同的分割面。拼接放大是使用跨层连接（skip connection）将不同粗细粒度的信息先进行拼接再放大，最后产生一个密集输出。

6.3.2 结构更深的卷积网络

VGGNet 验证了加深模型结构有助于提升网络的性能，GoogLeNet 专注于如何建立更深的网络结构，同时引入新型的基本结构——Inception 模块，以增加网络的宽度。

作为一种卷积网络的新模型，GoogLeNet 网络由输入层、输出层、卷积层和大量 Inception 层组成。其中 Inception 模块结构如图 6.2 所示，每个原始 Inception 模块由前摄入层、并行处理层和过滤拼接层组成。并行处理层包括 4 个分支，即 1×1 卷积核、3×3 卷积核、5×5 卷积核和 3×3 最大池化核。在同一个 Inception 模块中有不同大小的卷积核，不同大小的卷积核意味着不同大小的局部感受野，将不同卷积核的输出进行拼接意味着不同特征信息的融合。为了使各个卷积层输出的特征直接进行拼接，需要这些特征的输出具有相同的维度，因此在设置卷积层相关参数时，步长固定为 1，当卷积核大小分别为 1×1、3×3、5×5 时，像素填充分别取 0、1、2。

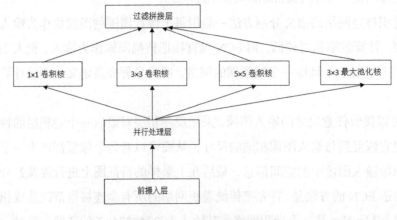

图 6.2　Inception 模块结构

6.3.3　残差网络

随着层数的增加，DCNN 一般会越难训练。有些网络在开始收敛时，还可能出现退化问题，导致准确率很快达到饱和，出现层次越深、错误率反而越高的现象。但是这种退化导致的更高错误率并不是由过拟合引起的，而仅仅是因为增加了更多的层数。深度残差学习（deep residual learning）框架的提出，主要就是为了解决退化问题，以便能够成功训练成百上千层的残差网络（residual network）。

残差网络的结构如图 6.3 所示。

ResNet 中，输入层与加和之间存在着两个连接，左侧的连接是输入层通过若干神经层之后连接到加和，右侧的连接是输入层直接连接到加和。在左侧添加批量归一化层，有助于加速网络的训练过程，提高网络的收敛速度，并且可以更好地处理梯度消失和梯度爆炸等问题。在反向传播的过程中，误差传到输出层时会得到两个误差的和，一个是左侧一堆神经网络

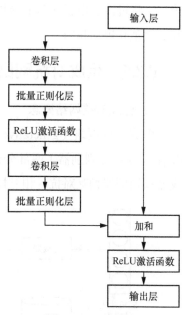

图 6.3　残差网络的结构

的误差，一个是右侧直接的原始误差。左侧的误差会因层数变深而梯度越来越小，右侧则是由加和直接连到输出层，所以还保留着加和的梯度。这种方式看似解决了梯度越传越小的问题，但是残差连接在正向同样发挥了作用。由于正向的作用，导致网络结构已经不再是深层了，而是一个并行的模型，即残差连接的作用是将网络串行改成网络并行。

6.3.4　密集连接卷积网络

一个完整的密集连接卷积网络（densely connected convolution network，DCCNet）的网络结构应该包括：密集连接块（dense block）、过渡层（transition layer）、增长率（growth rate）及变换函数（composite function）等。

密集连接块有 5 层，每一层数据经过非线性变换复合函数 H_l 传递给下一层。H_l 实际上是一个复合的函数集，它包括 BN（batch-normalization，批规范化）、激活函数、卷积 3 种操作[BN→ReLU→Conv（3×3）]。第 l 层的输出为：

$$X_l = H_l[x_0, x_1, \cdots, x_{l-1}]$$

其中，x_{l-1} 表示模块的第 l–1 层特征的连接。若每层经过 H_l 处理后会生成 k 个特征

图，那么第 l 层的输入特征有 $k(l-1)+k_0$ 个，其中，k 被称为增长率，可用来控制网络宽度的增长，k_0 表示输入层的通道数。

由于每个密集连接块产生的特征大小不一，为保证每个密集连接块后的特征维度的统一，将过渡层设置在两个密集连接块之间，一般按照批规范化、激活函数及 1×1 卷积和 2×2 池化顺序执行。

6.3.5 生成对抗网络

1. 生成对抗网络概念

生成对抗网络（generative adversarial network，GAN）由 generator（生成器）和 discriminator（判别器）两部分构成，模型如图 6.4 所示。所有 GAN 的核心逻辑就是生成器和判别器相互对抗、相互博弈。

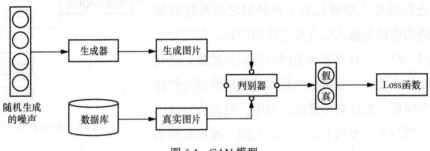

图 6.4 GAN 模型

生成器：主要是从训练数据中产生相同分布的样本，对于输入 x、类别标签 y，估计其联合概率分布（两个及以上随机变量组成的随机矢量的概率分布）。

判别器：判断输入是真实数据还是生成器生成的数据，即估计样本属于某类的条件概率分布。它采用传统的监督学习的方法。

二者结合后，经过大量次数的迭代训练会使生成器尽可能模拟出以假乱真的样本，而判别器会有更精确的鉴别真伪数据的能力，最终整个 GAN 会达到所谓的纳什均衡，即判别器对于生成器的数据鉴别结果为正确率和错误率各占 50%。

生成器和判别器都有各自的任务。判别器的目标是区分真假样本，生成器的目标是让判别器区分不出真假样本。生成器和判别器执行任务的过程就是两个网络相互博弈、对抗的过程，而生成器主要表现在两者博弈到最后，可以生成出判别器无法判断好坏的数据，达到 GAN 的最终目的。

2. 生成对抗网络的大致训练流程

第一步：初始化生成器和判别器，这些参数随机生成即可。

第二步：在每一轮训练中，执行如下步骤。

（1）固定设置生成器的参数，训练判别器的参数。

① 因为生成器的参数被固定了，此时生成器的参数没有收敛，生成器通过未收敛参数生成的图片就不会特别真实。

② 从准备好的图片数据库中选择一组真实图片数据。

③ 通过上面两步操作，此时就有了两组数据：一组是生成器生成的图片数据；另一组是真实图片数据。通过这两组数据训练判别器，让其对真实图片赋予高分，给生成图片赋予低分。

（2）固定设置判别器的参数，训练生成器。

① 随机生成一组噪声给生成器，让生成器生成一张图片。

② 将生成的图片传入判别器中，判别器会给该图片一个分数。生成器的目标就是使这个分数更高，从而生成判别器可以赋予高分的图片。

6.4 强 化 学 习

6.4.1 强化学习的基本原理与模型

强化学习（reinforcement learning，RL）又称为再励学习、评价学习，是一种通过模拟大脑神经细胞中的奖励信号来改善行为的机器学习方法，其计算模型也已经应用于机器人、分析预测等人工智能领域。

强化学习是一个序列决策过程，状态之间存在很强的关联性。在强化学习中，当算法学到新的行为之后，数据的分布会随之改变。强化学习的目标是学习一个最优策略，强化学习是智能体为了最大化长期回报的期望，通过观察系统环境，不断试错进行学习的过程。

1. 强化学习的基本原理

在一个离散时间序列 $t = 0,1,2,\cdots$ 中，智能体需要完成某项任务。在每一个时刻 t，智能体都能从环境中接收一个状态 s_t，并通过动作 a_t 与环境继续交互，环境会产生新的状态 s_{t+1}，同时给出一个立即回报 r_{t+1}。如此循环下去，智能体与环境不断交互，从而产生更多数据（状态和回报），并利用新的数据进一步改善自身的行为。

2. 强化学习过程

第一步：构建强化学习的数学模型——马尔可夫决策过程（Markov decision process，

MDP）模型。分析智能体与环境交互的边界、目标；结合状态空间、行为空间、目标回报进行建模，生成覆盖以上 3 种元素的数学模型——马尔可夫决策过程模型。马尔可夫决策过程模型在目标导向的交互学习领域是一个比较抽象的概念。不论涉及的智能体物理结构、环境组成、智能体和环境交互的细节多么复杂，这类交互学习问题都可以简化为智能体与环境之间来回传递的 3 个信号：智能体的行为、环境的状态、环境反馈的回报。马尔可夫决策过程模型可以有效地表示和简化实际的强化学习问题，这样解决强化学习问题就转化为求解马尔可夫决策过程模型的最优解了。

第二步：求解马尔可夫决策过程模型的最优解。求解马尔可夫决策过程问题，是指求解每个状态下的行为（或行为分布），使得累积回报最大。

对于环境已知的情况可选用基于模型的方法，对于环境未知的情况可选用无模型方法或者选用无模型和有模型相结合的方法。同时可以根据问题的复杂程度进行选择，对于简单的问题，或者离散状态空间、行为空间的问题，可以采用基础求解法。对于复杂问题，如状态空间、行为空间连续的场景，可以采用联合求解法，根据不同的应用场景选用不同的强化学习方法。

3. 强化学习个体分类

强化学习主要研究具有一定思考和行为能力的个体（agent）在与其所处的环境（environment）进行交互的过程中，通过学习策略达到收获最大化或实现特定的目标。

根据个体建立的组件的特点，将强化学习中的个体进行如下分类。

（1）仅基于价值函数：这样的个体有对状态价值的估价函数，但是没有直接的策略函数，策略函数由价值函数间接得到。

（2）仅直接基于策略：在这样的个体中，行为直接由策略函数产生，个体并不维护一个对各状态价值的估价函数。

（3）演员-评判家（actor-critic）类型：这样的个体既有价值函数也有策略函数，两者相互结合解决问题。

此外，根据个体是否建立一个针对环境动力学的模型，可将其分为如下两大类。

（1）不基于模型的个体：这样的个体并不试图了解环境如何工作，而仅聚焦于价值和策略函数，或者二者之一。

（2）基于模型的个体：个体尝试建立一个描述环境运作过程的模型，以此来指导价值函数或策略函数的更新。

个体通过与环境进行交互，逐渐改善其行为的过程称为学习（learning）过程。当个体对于环境如何工作有了一定的认识，在与环境进行实际的交互前，模拟分析个体与环境交互情况的过程称为规划（planning）过程。

6.4.2　强化学习的主要特点

1. 通过不断试错进行学习

在没有提供正确选项的情况下，智能体通过试错（trial-and-error）与环境进行尝试性互动，并根据环境产生的反馈增强或抑制行动。试错包含利用（exploitation）和探索（exploration）两个过程。

利用就是根据历史经验，选择执行能获得最大收益的动作。当智能体根据当前学习到的策略选择了当前最优行动时，我们称其正在利用当前所掌握的"状态-行动"知识获得最大收益；探索就是尝试之前没有执行过的动作，期望获得超乎当前的总体收益。

如果智能体选择了一个非贪婪行动，即尝试那些当前非最优的行动（包括之前没有执行过的行动），则称其正在探索。从短期看，利用是正确的做法，可以使某一步的预期回报最大化。但从长远看，探索可能会产生更大的长期回报。

强化学习的一个挑战就是针对某项具体问题达到探索和利用之间的平衡。

2. 追求长期回报的最大化

强化学习的目的是最大化长期回报。所谓长期回报，是指从当前时刻（状态）开始直到最终时刻（状态）的总奖励期望。强化学习不对即时奖励进行行为鼓励，是因为当前状态下采取的行动会影响后续的环境状态和奖励，获取最大的即时奖励无法保证未来的总奖励也是最大的。

6.4.3　强化学习的应用

1. AlphaGo 及 AlphaGo Zero

强化学习的智能体必须平衡对其环境的探索，以找到获得奖励的最佳策略，并利用发现的最佳策略来实现预期目标。2016 年年初，DeepMind 研发的人工智能机器人 AlphaGo 战胜世界围棋冠军李世石，这成为人工智能的里程碑事件，强化学习也因此受到了人们的广泛关注和研究。后期，该公司又结合深度学习和强化学习的优势，进一步研发出了算法形式更为简洁的 AlphaGo Zero。AlphaGo Zero 采用完全不基于人类经验的自学习算法，可以在复杂高维的状态动作空间中进行端到端的感知决策，完胜 AlphaGo。

2. 强化学习在完全信息博弈中的应用

人工智能兴起以来，人们就不断尝试用计算机模拟博弈环境，并推动现实问题的解决，因此机器博弈成为一个重要的研究方向。根据游戏状态是否完全可见，博弈可以分为完全信息博弈（complete information game，如象棋、围棋）和非完全信息博弈（如扑克牌游戏）。根据游戏状态是否完全由玩家决定，博弈可以分为确定性博弈（如石头剪刀布）和非确定性博弈（如拍卖）。

随着博弈难度的提升，需要不断增加搜索的深度和广度，人们越来越重视利用解决连续决策问题的强化学习方法去提高机器博弈水平。强化学习在机器博弈中的成功应用必须解决两个问题：一是如何描述问题、表达游戏状态；二是如何寻找策略（policy）。

6.5 迁移学习

6.5.1 迁移学习概述

迁移学习（transfer learning，TL）是指利用数据、任务或模型之间的相似性，将在旧领域学习过的模型应用于新领域的一种学习过程。人类的迁移学习能力是与生俱来的。

迁移学习希望模型或数据可以复用，传统的机器学习需要标注大量训练数据，耗费大量的人力与物力，而没有这些标注数据，训练出来的模型性能会较差。另外，迁移学习可以起到模型泛化的作用，模拟人类的迁移学习经历。在传统的机器学习中，一般假设训练数据与测试数据服从相同的数据分布。然而，在迁移学习中，假设并不成立，所以让知识从源领域中顺利转换到目标领域中，迁移学习面临着众多问题：如何选择数据、如何选择特征、如何对数据权重进行调整等。如果两个领域选择不当或者其中的样本或特征选择错误，不仅不利于目标领域的模型训练，反而会起负面作用，即负迁移（negative transfer）。所以，找到相似度尽可能高的源领域，是进行整个迁移学习的重要前提。

6.5.2 迁移学习分类

迁移学习的实现方法分为基于样本的迁移学习（instance based TL）、基于特征的迁移学习（feature based TL）、基于模型的迁移（parameter based TL）、基于关系的迁移（relational transfer learning）等。一般来说，前3种方法具有更广泛的知识迁移能力，而基于关系的迁移则具有广泛的学习与扩展能力。

1. 基于样本的迁移学习

基于样本的迁移学习是从源数据中找出适合的样本数据，并将其迁移到目标领域的训练数据集中，供模型进行训练。在这个方面，基于传统的 AdaBoost 算法发展出来的 TrAdaBoost 算法，是一个典型的基于样本的迁移学习算法，它利用 Boosting 的技术过滤掉源数据中与目标训练数据最不符的数据。其中，Boosting 的作用是建立一种自动调整权重的机制，增加重要数据的权重。调整权重之后，这些带权重的辅助训练数据将会作为额外的训练数据，与现有训练数据一起用于训练模型。这种迁移学习的前提是两个领域的样本数据差别不大，否则很难找到可以迁移的样本。

2. 基于特征的迁移学习

基于特征的迁移学习包括基于特征选择的方法和基于特征映射的方法。前者要求源数据集和目标数据集的特征存在重叠，通过对共有特征进行权重标记，实现目标域分类器的训练和调优。后者是对特征进行变换，生成新的特征，使得源域和目标域在相同的空间中具有相同的数据分布。这类方法适用性较广，但是特征变换的难度较大。基于特征的迁移学习的基本思想是使用互聚类算法同时对两种数据集进行聚类，得到一个共同的特征表示，实现把源样本数据表示在新的空间。

3. 基于模型的迁移学习

基于模型的迁移学习是指将源域模型中的共享参数，应用到目标域进行训练和预测。目前基于模型的迁移学习应用较多，在图像处理领域中常见的已经训练好的模型有 VGG 模型、Inception 模型、ResNet 模型。另外，在 Caffe 的"模型动物园"（model zoo）有很多预先训练的模型可供下载和使用。在自然语言处理方面，Word2Vec 和 GloVe 是比较著名的词矢量模型，用户可以使用通过大型语料库训练好的上述词矢量模型，也可以在其基础上加入自定义的语料，增量训练自己的模型。

4. 基于关系的迁移学习

基于关系的迁移学习假设两个领域具有一定的相似性，即存在某种概念上的相似关系，这样就可将源域中的逻辑网络关系应用到目标领域。

6.6　小　　结

目前，以深度学习为代表的机器学习占据了学术和应用的主流地位，而以深度学习为主的机器学习系统形成了一种机器智能产生机制，并表现出了一定的创造力。本章介绍了深度学习的相关内容，以及卷积神经网络和几种典型的神经网络模型，同时对强化学习和迁移学习进行简单介绍。

深度学习拓展阅读

思 考 题

6.1 深度学习与卷积神经网络有什么联系和区别？

6.2 从任务角度划分，深度学习属于哪种类型的机器学习？

6.3 支持深度学习的主要框架有哪些？它们各有什么优缺点？

6.4 列举出 3 个典型的神经网络模型及其特征。

6.5 简述卷积神经网络结构。

第7章
自然语言处理

自然语言是人类表达和交流思想基本的工具，是区别于形式语言或人工语言的人际交流的口头语言和书面语言。自然语言处理是用机器处理人类语言的理论和技术。

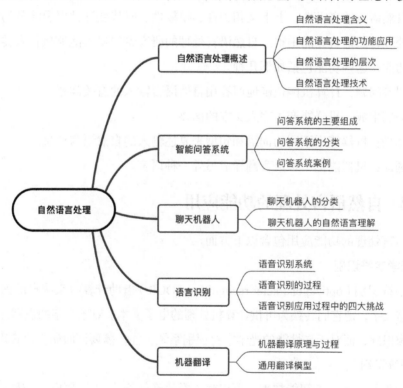

7.1　自然语言处理概述

互联网产业和传统产业信息化的各种应用需求驱动更多的研究人员、更多的经费进入自然语言处理领域，有利地促进了自然语言处理技术和应用的发展。语言数据的不断增长、语言资源的持续增加、语言加工能力的稳步提高，为研究人员提供了研究自然语言处理技术、开发自然语言应用的更好的机会和平台。近年来深度学习技术的飞速发展，刺激了研究人员对新的自然语言处理技术的探索。同时，具有其他相近学科背景的人员和工业界人员的不断加入，也为自然语言处理技术的发展带来了一些新思路。

7.1.1　自然语言处理含义

自然语言处理（natural language processing，NLP）是用机器处理人类语言的理论和技术。从广义上讲，它包含所有用计算机对自然语言进行的操作，从最简单的通过计数词出现的频率来比较不同的写作风格，到最复杂的完全"理解"人所说的话，至少要能达到对人的话语做出有效反应的程度。在学术界，很多人也把自然语言处理称为"计算语言学"。

由于自然语言的多义性、上下文相关性、模糊性、时代变迁性以及涉及的知识面广等原因，处理自然语言充满困难。自然语言处理的研究希望机器能够执行人类所期望的某些语言功能，这些功能包括如下几种。

（1）回答问题：计算机能正确地回答用自然语言输入的有关问题。

（2）文摘生成：机器能产生输入文本的摘要。

（3）释义：机器能用不同的词语和句型来复述输入的自然语言信息。

（4）翻译：机器能把一种语言翻译成另外一种语言。

7.1.2　自然语言处理的功能应用

自然语言处理的功能应用包含以下方面。

1. 光学字符识别

光学字符识别（optical character recognition，OCR）借助计算机系统自动识别印刷体或者手写体文字，把它们转换为可供计算机处理的电子文本。对于文字的识别，主要研究字符的图像识别，而对于高性能的光学字符识别系统，往往需要同时研究语言理解技术。

2. 语音识别

语音识别是一种人工智能技术，可以将人类语音转换为文本或指令，让计算机能够理解和执行。语音识别技术常用于语音搜索、语音转文本、语音命令等场景。语音识别技术使用信号处理、机器学习、自然语言处理等多种技术手段实现。

3. 机器翻译

机器翻译（machine translation）是指利用计算机把一种自然语言（源语言）转换成

另一种自然语言（目标语言）的过程。虽然机器翻译的现状离人们的期望和市场的需求还有一定的距离，但研究人员对机器翻译的研究依然充满热情。图 7.1 给出了谷歌翻译示例。

图 7.1 谷歌翻译示例

4. 自动文摘

自动文摘（automatic summarization/automatic abstract）是指利用计算机及算法自动地将文本或文本集合转换成简短摘要的过程，帮助用户通过摘要全面、准确地了解原始文献的中心内容。自动文摘的研究已经有近 60 年的历史，由于该任务的难度导致初期的效果并不理想，随着深度学习的快速发展，人们才看到自动文摘广泛应用的希望。

5. 文本分类

文本分类（text categorization）又称为文档分类（document classification），是在给定的分类系统和分类标准下，根据文本内容利用计算机自动判别文本类别，实现文本自动归类的过程。文本分类包括学习和分类两个过程。语言识别、风格分类（genre classification）、情感分析（sentiment analysis）等都是文本分类的例子。

6. 信息检索

信息检索（information retrieval）又称情报检索，是指在大量文档中找出满足用户需要的信息的过程。著名的信息检索系统是互联网上的搜索引擎。

7. 信息提取

信息提取（information extraction）是指通过浏览和查找文本中的特定类别对象的出现或对象之间的关系，从而获得知识的过程，目标是允许对非结构化数据进行计算。一个典型的例子是从网页中提取用户的地址。

8. 信息过滤

信息过滤（information filtering）是指应用计算机系统自动识别和过滤那些满足特定条件的文档信息。一般指根据某些特定要求，自动识别网络有害信息，过滤和删除互联网某些敏感信息的过程，主要用于信息安全和防护等。

9. 自然语言生成

自然语言生成（natural language generation）是指将句法或语义信息的内部表示，转换为自然语言符号组成的符号串的过程，是一种从深层结构到表层结构的转换技术，是自然语言理解的逆过程。

10. 语音合成

语音合成（speech synthesis）又称为文语转换（text-to-speech conversion），用于将书面文本自动转换成对应的语音表征。

11. 问答系统

问答系统（question answering system）是借助计算机系统对人提出问题的理解，通过自动推理等方法，在相关知识资源中自动求解答案，并对问题做出相应的回答。问答技术与语音技术、多模态输入输出技术、人机交互技术相结合，构成人机对话系统。

7.1.3　自然语言处理的层次

语言虽然表示成一连串文字符号或一串声音流，但其内部事实上采用的是层次化的结构，从语言的构成中就可以清楚地看到这种层次性。一个文字表达的句子的层次是词素→词或词形→词组或句子，而声音表达的句子的层次则是音素→音节→音词→音句，其中每个层次都受到语法规则的制约。因此，语言的处理过程也是一个层次化的过程。许多现代语言学家把这一过程分为 5 个层次：语音分析、词法分析、句法分析、语义分析和语用分析。

语音分析就是根据音位规则，从语音流中区分出一个个独立的音素，再根据音位形态找出一个个音节及其对应的词素或词。语用就是研究语言所存在的外界环境对语言使用所产生的影响。它描述语言的环境知识、语言与语言使用者在某个给定语言环境中的关系。关注语用信息的自然语言处理系统更侧重于讲话者/听话者模型的设定，而不是处理嵌入给定话语中的结构信息。研究者提出了很多语言环境的计算模型，描述讲话者及其通信目的、听话者及其对说话者信息的重组方式。构建这些模型的难点在于如何把自然语言处理的不同方面以及各种不确定的生理、心理、社会和文化等背景因素集中到一个完整的连贯的模型中。

7.1.4　自然语言处理技术

1. 语音分析

语音分析是一种使用计算机算法对语音信号进行处理和分析的技术。其主要任务是将具有语音信息的模拟或数字信号转换成一系列可供进一步处理的数字参数，例如语音的音高、音量、语速、音素等。语音分析的目标是识别和理解语音中的语言内容，也可用于语音合成、语音转换、语音增强、语音识别以及其他相关任务。

通常，语音分析包括以下几个阶段。

① 语音采集：使用麦克风或其他设备对语音信号进行采样。

② 语音预处理：对采集到的信号进行预处理，包括去除噪声、滤波、增强等。

③ 特征提取：从预处理的语音信号中提取有用的特征参数，如短时能量、短时平均幅度差（均方根）、开口度、基频等。

④ 声学建模：根据语言学的特征，将上一步提取的特征参数与语音信号对应的实际内容相对应，建立声学模型。

⑤ 解码识别：通过比对输入的语音信号和声学模型识别和理解语音内容，得到最终的识别结果或语音合成结果。

在实际应用中，根据不同的需求和场景，语音分析的步骤和方法可能会有所不同。

2. 词法分析

词法分析是理解单词的基础，其主要目的是从句子中切分出单词，找出词汇的各个词素，从中获得单词的语言学信息并确定单词的词义，如 unchangeable 是由 un-change-able 构成的，其词义由这 3 个部分构成。不同的语言对词法分析有不同的要求，例如，英语和汉语就有较大的差距。在英语等语言中，因为单词之间是以空格自然分开的，所以切分一个单词很容易，找出句子的一个个词汇也很方便。但是由于英语单词有词性、数、时态、派生及变形等变化，要找出各个词素就复杂得多，需要对词尾或词头进行分析，如 importable，它可以是 im-port-able 或 import-able，这是因为 im、port、able 这 3 个都是词素。

词法分析可以从词素中获得许多有用的语言学信息。例如英语中构成词尾的词素 "s" 通常表示名词复数或动词第三人称单数，"ly" 通常是副词的后缀，而 "ed" 通常是动词的过去分词等，这些信息对于句法分析也是非常有用的。一个词可有多种派生、变形，如 work，可变化出 works、worked、working、worker、workable 等。这些派生的、变形的词，如果全放入词典将是非常庞大的，而它们的词根只有一个。自然语言理解系统中的电子词典一般只放词根，并支持词素分析，这样可以大大压缩电子词典的规模。

3. 句法分析

句法分析主要有两个作用。

（1）对句子或短语结构进行分析，以确定构成句子的各个词、短语之间的关系以及各自在句子中的作用等，并将这些关系用层次结构加以表达。

（2）对句法结构进行规范化。在对一个句子进行分析的过程中，分析句子各成分间的关系的推导过程用可树形图表示出来，这种图称为句法分析树。

句法分析是由专门设计的分析器进行的，分析过程就是构造句法分析树的过程，将每个输入的合法语句转换为一棵句法分析树。

4. 语义分析

语义分析是自然语言处理领域中的一个重要研究方向，主要研究如何将自然语言转化为计算机能够理解和处理的形式。其目标是使计算机能够理解自然语言中的意义和语义，并能够进行高效、准确的自然语言处理。

语义分析包括两个主要方面。

① 语义角度的分析。这种分析主要研究的是句子中单词和短语的意义和词义关系，如何将它们组合起来形成一个有意义的整体，以及如何理解句子所表达的意思。

② 语用角度的分析。这种分析主要研究的是句子和上下文之间的关系，以及如何理解某个词语或句子在特定上下文中的含义。

语义分析在自然语言处理的许多应用（包括机器翻译、问答系统、信息检索等相关应用）中都扮演着重要角色。它的发展也使得人机交互更加便捷和自然。

5. 语用分析

语用分析是一种研究语言使用的学科，它涉及语言的社会功能和交际目的。与语法、语音、词汇等语言结构相关的学科不同，语用分析关注的是人们在交流、表达和理解信息时所依赖的社会因素和语境。语用分析旨在探讨语言使用者的意图、推断对话者之间的关系、理解文化差异、分析不同文本类型、推断演讲者的目的等。

语用分析主要研究句子意义的建立和表达、语用标记的使用、言外之意的暗示和推断、指代的关系等。

语用分析的应用非常广泛，包括但不限于：语言教育和教学、口语沟通、广告和宣传、课程教学、广播和电视节目的生产、媒体和新闻的写作和编辑，甚至包括法律和政治演说。

7.2 智能问答系统

图灵测试中通过问答来测验机器是否具有智能，即提问者提出问题，机器和被模仿者均回答该问题。经过一段时间的互动，如果机器可以"以假乱真"，就表明它具有智能。

日常生活、学习、工作中都离不开"问答"这一基本的互动形式。社会上的各类资格考试、找工作时的面试以及读书时的各种考试都涉及问答。更有大量的智力竞猜类电视节目，根据选手回答的正确性评价其"聪明"程度。

目前，智能问答系统的研究已成为高科技公司竞争的热点。小冰是微软公司推出的智能问答系统。它的语音识别能力、语音合成技术、基于大语料库的自然语言对话引擎都有非常独到的地方。阿里巴巴集团旗下的智能客服，深度结合淘宝平台的场景，采用人工智能、自然语言处理等技术，可以实现快速精准的问答，大大提升了用户满意度。Codex 是 OpenAI 推出的像 GPT-3 一样的自然语言处理模型，但它不仅可以回答自然语言问答，还可以接受基于自然语言的程序代码植入并输出针对这些问题的解决方案，目前已经被应用在一些商业场景中。Google 最新推出的多任务统一模型（Multitask Unified Model，MUM），可以进行自然语言理解和生成、知识图谱查询、语音识别和视觉理解等多种功能。相比之前的 Google 语言模型 BERT 和 GPT-3，MUM 有更广的知识涵盖和更强的多模态能力。

智能问答系统的主要功能是允许用户用自然语言查询，并直接提供简洁、准确的答案，核心技术问题是如何准确理解用户的问题，如何提供正确的答案。

总的来说，问答系统的工作流程与人的思考过程相近：理解问题、寻找知识、确定答案。这个流程既可以分步骤处理，也可以用"端到端"的思路建立模型。问答系统需根据知识表示的不同而采用不同的技术方案。例如，基于检索的问答系统围绕"检索"展开，即先理解问题，知道要检索什么；然后在合适的知识库中检索；最后筛选检索到的答案，整理输出。虽然机器回答了问题，但这个答案不是推理出来的，而是"搜"出来的。这类问答系统可以借助信息检索技术实现。与传统的信息检索（如搜索引擎）相比，用户问的不是若干关键词，而是整句话；系统回复的也不再是包含关键词的文档，而是更精确的答案。

7.2.1　问答系统的主要组成

问答系统的主要组成，与人进行"提问→思考→回答"的思维过程相近，大致分为 3 个部分，如图 7.2 所示。

1. 问题理解

对于自然语言输入的问题，首先需要理解问题问的是什么，是在问一个词语的定义，是在查询某项智力知识，是在检索身边的生活信息，还是在问某一个事件发生的原因，等等。只有准确地理解问题，才有可能到正确的知识库中检索答案。例如，"河南的温度是多少"是在问河南这个城市的气温；而"太阳的温度是多少"则是在问一项天文知识。字面上很相近的两句话，如果理解错误，在气象信息里寻找"太阳"这个城市的气温，则无法提供正确答案。

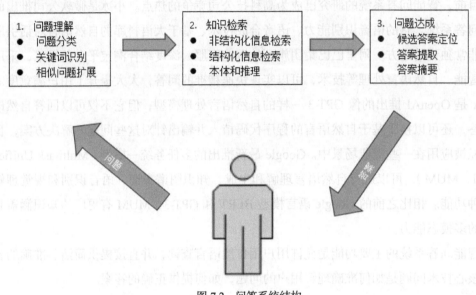

图 7.2　问答系统结构

2. 知识检索

在理解用自然语言形式提出的问题后，通常会组织成一个计算机可理解的检索式，检索式的格式由知识库的结构决定。例如，如果我们采用搜索引擎作为知识源，那么理解后的问题就可以是若干关键词；如果采用百科全书作为知识源，那么问题就应组织为一个主词条及其属性。以"河南的面积有多大"问题为例，如果用搜索引擎检索，可生成"河南""面积"两个关键词；如果用百科全书检索，则应在"河南省"词条中检索"面积"这一属性信息。如果用神经网络这样端到端的模型，则将问题理解后得到的矢量与知识源的数学表示进行运算，得到的计算结果也蕴含了答案信息。

3. 答案生成

通常检索到的知识并不能直接作为答案返回。这是因为最精确的答案往往混杂在上下文中，我们需要提取出其中与问题最相关的部分。例如，用搜索引擎检索到若干相关的文档，然后从这些文档的大量内容中提取核心的段落、句子甚至词语；百科全书的知识结构可能与提问并不一一对应。例如，河南省的城市面积在不同的历史时期有多个不同的数值，就"河南的面积有多大"这个问题而言，我们可以取最新数值作为答案；而如果加上限定词，则需针对约束条件，取最佳答案。

7.2.2 问答系统的分类

1. 文本问答系统

文本问答系统是最基本的一类问答系统,其包含的模块和技术涉及问答系统的方方面面,也是各类问答系统的基础。在问题理解方面,研究人员总结了提问的目标和要素,整理出若干分类体系,既有平面分类体系,又有层次分类体系。这些分类体系有助于在候选答案中做筛选。问题理解的方法主要涉及自然语言处理的语义分析技术。此外,我们还需使用其他自然语言分析工具消除句子歧义,并针对相同意思扩展原始问题。例如,"谁是张明的老婆?"和"小明妻子叫什么?"这两个问题没有一个词相同,但表达了同样的含义。在知识检索方面,包括非结构化信息检索和结构化信息检索,还包括本体和推理。基于深度神经网络模型,让机器自动学习知识并完成推理,也是一个有前景的研究方向。在答案生成方面,可借助自然语言处理技术,分析答案文本块中的词语,例如命名实体识别、词性标注等,从中筛选出更可能是答案的词语或词组。随着候选答案范围的逐步缩小,我们还可以借助其他工具验证答案的可信程度。

2. 社区问答系统

社区问答网站为我们提供了问题及对应的答案(我们称之为"问题-答案对",简称"问答对")。因此,与前述传统的问答系统不同,社区问答系统已经有了问题和答案之间的联系。社区问答系统的结构可分为两部分:问题理解和答案生成。找到的相近问题可能对应很多答案,但在社区问答网站中,答案的质量并不一定很高。因此,我们并不能直接把答案返回给用户,而要挑选出一些更可能准确的答案,或者多个答案的综合,或者长篇答案作为摘要。关于社区问答网站,国内有知乎、百度知道、搜狗问问等,国外有 Quora。社区问答系统的主要难点就在于相似问题检索和答案过滤两方面。

在社区问答系统中,我们只需要找到合适的问题,再从这些问题的答案中挑出最合适的,即可完成问答任务。社区问答系统的结构如图 7.3 所示。社区问答系统用问题找问题,涉及相似问题检索。当问题库较大时,我们需要对问题构建索引,这样便可以通过关键词检索到候选的相似问题。在答案过滤方面,我们可以提取多篇答案的关键要点,并综合形成一篇全面的答案文章。

社区问答的技术可广泛应用在客服咨询场景中。

3. 多媒体问答系统

多媒体问答系统是指能根据音像、视频等多媒体内容直接提问或利用多媒体内容解答问题的系统。多媒体问答系统与文本问答系统在结构上是相似的,只是多媒体问答系统所处理的问题、知识、答案不再限于文本，而包含图像、音频、视频等。从技术角度讲，除了自然语言处理，还需计算机视觉、信号处理等多媒体技术，才能分析出多媒体所表达的内容。多媒体问答系统尚属研究界的前沿课题，相关工作成果并不像文本问答系统的那样多。此外，对多媒体内容的理解也是多媒体问答系统发展的瓶颈。现有研究可以从某些特定领域开始并逐步推广到开放领域的问答。

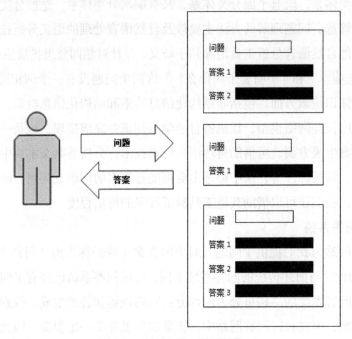

图 7.3　社区问答系统的结构

7.2.3　问答系统案例

　　2011 年 IBM 公司推出了名为"沃森"（Watson）的人工智能系统，它在美国智力竞赛电视节目《危险边缘》（*Jeopardy*!）中与人类同台竞技，回答主持人提出的涵盖多种主题、学科的智力题，最终在总决赛中击败了人类选手。该事件激发了人们对人工智能、自然语言处理技术的兴趣，引发了人们的广泛讨论。沃森系统综合了很多相关的处理技术，集自然语言处理、信息检索、知识表示、自动推理等技术于一身，使用了字典、词典、百科全书、新闻作品等数百万的文档，并在硬盘方面有足够的计算资源支撑。

　　与所有的问答系统结构相近，沃森的结构也分为问题、知识和答案这 3 部分。沃森针对特定的问答模式进行了细致的处理，特别是在知识部分，有大量的假设、推理和综合步骤。图 7.4 给出沃森的总体结构。

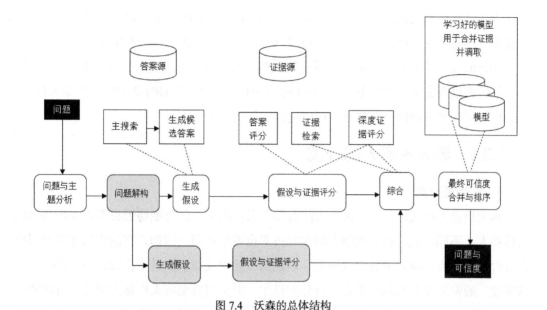

图 7.4 沃森的总体结构

为了更好地理解问题，沃森的语义分析器专门根据竞赛节目所使用的文本进行了调整，同时采用了谓词-论元结构共同完成问题的解析。其中还涉及指代消解（co-reference resolution）、命名实体识别（named-entity recognition）等环节。IBM 工程师书写了大量的规则帮助沃森理解主持人的每一个提问。

7.3 聊天机器人

聊天机器人是一种通过自然语言模拟人类进行对话的程序，是一种非任务导向型智能交互式问答对话系统。它通常运行在特定的软件平台上，如计算机平台或者移动终端设备平台，而类人的硬件机械体则不是必需的承载设备。

由人工智能的发展历史可知，聊天机器人的构想实际上源于图灵测试。最早的聊天机器人程序 ELIZA 诞生于 1966 年，由麻省理工学院的约瑟夫·魏岑鲍姆（Joseph Weizenbaum）开发，用于在临床医疗中模仿心理医生。1988 年，加利福尼亚州大学伯克利分校的罗伯特·威林斯基（Robert Wilensky）等人开发了名为 UC（UNIX consultant）的聊天机器人系统。UC 是一款帮助用户学习使用 UNIX 操作系统的聊天机器人。近年来，聊天机器人受到了学术界和工业界的广泛关注。微软推出的"小冰"、百度推出的用于交互式搜索的"小度"等产品，都推动了聊天机器人产品化的发展。现代聊天机器人系统可以看作"互联网+自然语言理解"的结合。OpenAI 的 GPT-3 是一种大型的自然语言处理模型，具有高度智能的对话能力，可以自主回答问题、提出问题和完成各种任务。谷歌的 Meena 是一个可以进行持续对话的聊天机器人，具有更高质量的对话能力，可以进行智能闲聊以及完成各种任务。微软的 DialoGPT 是一个基于 GPT-2 的聊天机器人模型，具有更加复杂和细致的对话能力，可以进行智能的问答。

7.3.1　聊天机器人的分类

1. 按功能分类

聊天机器人按功能分类，可分为问答型聊天机器人、任务型聊天机器人和闲聊型聊天机器人。不同功能的聊天机器人的实现技术也不尽相同，例如，在制作问答型聊天机器人时，需要提取问句中的焦点词汇，以此到三元组或知识图谱中检索；为了提高检索的精度，通常需要对问句和关系进行分类操作。但是闲聊型聊天机器人则可以直接将问句作为序列标注问题处理，将高质量的数据输入深度学习模型中进行训练，最终得到目标模型。任务型聊天机器人需要综合运用多种技术，包括自然语言处理、机器学习、知识图谱、数据挖掘、支付集成、第三方 API 集成等，帮助用户查找特定信息和答案。

2. 按模式分类

聊天机器人按模式分类，可分为基于检索模式的聊天机器人和生成式模式聊天机器人。基于检索模式的聊天机器人，使用预定义响应的数据库和某种启发式推理来根据输入及上下文选择适当的响应，也就是构建常见问题项目与对应问题的解答，存储成问答对，之后用检索的方式从问答对中返回句子的答案。这些系统不会产生任何新的文本，只会从固定的集合中选择一个响应。这些系统虽然使用手动打造的存储库，基于检索模式的方法不会产生语法错误，但无法处理没有预定义响应的场景，也不能引用上下文实体信息。

生成式模式聊天机器人的实现要更难一些，因为它不依赖于预定义的响应，完全从零开始生成新的响应。生成式模式通常基于机器翻译技术，但不是将一种语言翻译成另一种语言，而是从输入到输出（响应）的"翻译"。它的好处是可以引用输入中的实体，因此会让使用这种聊天机器人的人们感到是在与人交谈。但相关模型很难训练，而且很可能会有语法错误（特别是在较长的句子上），并且通常需要大量的训练数据。

3. 按领域分类

聊天机器人按领域分类，可分为开放领域聊天机器人和封闭领域聊天机器人。从系统功能上讲，自动问答分为开放领域自动问答和封闭领域自动问答。开放领域是指不限定问题领域，用户可以随意提问，系统会根据提问从海量数据中寻找答案；封闭领域是指系统事先声明只能回答某一领域的问题，无法回答其他领域的问题。

相对来说，开放领域聊天机器人更难实现，因为用户不一定有明确的目标或意图。一些大型社交媒体网站上的对话通常是开放领域的，它们可以谈论任何方面的任何话题。无数的话题和生成合理的反应所需要的知识规模，使得开放领域聊天机器人的实现相当困难。同时其实现也需要开放领域的知识库作为其知识储备，加大了信息检索的难度。封闭领域聊天机器人比较容易实现，因为可能的输入和输出的空间是有限的，系统只需实现一个非常特定的目标。技术支持或购物助理之类的聊天机器人都是封闭领域聊天机器人的实例。这些系统只需要尽可能有效完成具体任务，不需要解答除了任务以外的其他问题。

4. 按应用场景分类

聊天机器人按应用场景分类，可分为在线客服、娱乐、教育、个人助理聊天机器人。

在线客服聊天机器人的主要功能是与客户进行基本沟通，并自动回复用户有关产品或服务的问题，以实现降低企业客服运营成本、提升用户体验的目的。其通常应用于网站首页或手机终端。

娱乐场景下聊天机器人的主要功能是与用户进行开放主题的对话，从而实现对用户进行精神陪伴、情感慰藉和心理疏导等目的。其通常应用于社交媒体、儿童玩具等，代表性的系统有微软的"小冰"、微信的"小微"等。"小冰"和"小微"除了能够与用户进行开放主题的聊天之外，还能提供特定主题的服务，如天气预报和生活常识讲解等。

应用于教育场景下的聊天机器人系统，其教育的内容包括：构建交互式的语言使用环境，帮助用户学习某种语言；在用户学习某项专业技能时，指导用户逐步深入地学习并掌握该项技能；在用户的特定年龄阶段，帮助用户进行某种知识的辅助学习等。其通常应用于具备人机交互功能的学习、培训类软件以及智能玩具等。

个人助理类应用是指用户主要通过语音或文字与聊天机器人系统进行交互，以实现个人事务的查询及代办功能，如天气查询、空气质量查询、定位、短信收发、日程提醒、智能搜索等，从而更便捷地进行日常事务处理。其通常应用于便携式移动终端设备。

7.3.2　聊天机器人的自然语言理解

通常来说，聊天机器人系统的自然语言理解功能包括用户意图识别、用户情感识别、指代消解和省略恢复、回复确认以及拒识判读等技术。

1. 用户意图识别

用户意图包括显式意图和隐式意图。显式意图通常对应一个明确的需求，如用户输入"我想预订一个标准间"，明确表达了想要预订房间的意图；而隐式意图则较难判断，如用户输入"我的手机用了三年"，有可能表示想要换一个手机，也有可能表示其手机性能和质量良好。

2. 用户情感识别

用户情感同样也包含显式和隐式两种类型，如用户输入"我今天非常高兴"，明确表达了喜悦的情感；而用户输入"今天考试刚刚及格"，则没有明确表达情感。

3. 指代消解和省略恢复

在对话过程中，人们由于聊天主题背景的一致性，通常使用代词来指代上文中的某个实体或事件，或者干脆省略一部分句子成分。但对聊天机器人系统来说，它只有明确了代词指代的成分以及句子中省略的成分，才能正确理解用户的意图，给出合乎上下文语义的回复。基于此，需要进行指代消解和省略恢复。

4. 回复确认

用户意图有时会带有一定的模糊性，这时就需要系统具有主动询问的功能，进而对模糊的意图进行确认，即回复确认。

5. 拒识判断

聊天机器人系统应当具备一定的拒识能力，即能主动拒绝识别超出自身回复范围或者涉及敏感话题的用户输入。

当然，词法分析、句法分析以及语义分析等基本的自然语言处理技术对于聊天机器人系统中的自然语言理解功能的实现也起到了至关重要的作用。

7.4 语音识别

语音识别是指利用计算机自动对语音信号的音素、音节或词进行识别的技术总称。语音识别是实现语音自动控制的基础。语音识别技术所涉及的领域包括信号处理、模式识别、概率论、信息论、发声机理和听觉机理等。其作为人工智能领域最成熟的技术之一，已经广泛应用于教育、医疗、军事等行业。

语音识别不仅改变了人机交互的模式，使人类能够以较自然的方式与机器进行对话，而且具备将非结构化的语音转换成结构化文本的能力，大幅提升了相关从业人员的工作效率。

自然语言只是在句尾或者文字需要加标点的地方有间断，其他地方发音都是连续的。

以前的语音识别系统主要是以单字或单词为单位的孤立的语音识别系统。后来，连续语音识别系统已经渐渐成为主流。利用声学模型建立的方式，特定人语音识别系统在前期需要大量的用户发音数据来训练模型。非特定人语音识别系统在系统构建成功后，不需要事先进行大量语音数据训练。在语音识别技术的发展历程中，随着词汇量的不断增加，对系统的稳定性要求也越来越高。

7.4.1　语音识别系统

目前主流的语音识别技术是基于统计模型的模式识别技术。一个完整的语音识别系统主要可分为语音特征提取、声学模型与模式匹配、语音模型与语义理解 3 部分。

1. 语音特征提取

在语音识别系统中，模拟的语音信号在完成 A/D（模数）转换后会变成能被计算机识别的数字信号。但是时域上的语音信号难以直接被识别，这就需要从语音信号中提取语音特征，这样做的好处是：可以获得语音的本质特征，又可以起到压缩数据的作用。输入的模拟语音信号首先要进行预处理，如滤波、采样、量化等。

2. 声学模型与模式匹配

声学模型对应于语音音节频率的计算，在识别时将输入的语音特征与声学特征同时进行匹配和比较，得到最佳的识别效果。目前采用比较广泛的建模技术是隐马尔可夫模型（hidden Markov model，HMM）。

马尔可夫模型是一个离散时域有限状态自动机。隐马尔可夫模型是指这一马尔可夫模型的内部状态对外界而言是看不到的，外界只能看到各个时刻的输出值。对于语音识别系统，输出值一般是指从各个帧计算得到的声学特征。语音识别中使用隐马尔可夫模型通常是从左向右（单向）来对识别基元进行建模的，一个音素就是 3～5 个状态的隐马尔可夫模型，一个词由多个音素的隐马尔可夫模型串联形成，连续的语音识别的整体模型就是词和静音组合起来的隐马尔可夫模型。

3. 语音模型与语义理解

计算机会对识别结果进行语法、语义分析，理解语言的意义并做出相应的响应，该工作通常是通过语言模型来实现的。语言模型会计算音节到字的概率，主要分为规则模型和统计模型。语音模型的性能通常通过交叉熵和复杂度来表示。交叉熵表示用该模型对文本进行识别的难度，或者从压缩的角度来看，每个词平均要用几个位来编码；复杂度是指用该模型表示这个文本平均的分支数，其倒数可以看成每个词的平均概率。

7.4.2　语音识别的过程

语音识别系统首先利用不同的语音处理技术将未知的语音信号转换成特征矢量的序列；然后利用特定的算法特征矢量又被转换成音素格（phoneme lattice）；接着识别模块会利用词法将音素格转换成词格（word lattice）；最后将语法应用在词格上从而识别出具体的词或文本。图 7.5 给出了语音识别系统的通用识别过程。

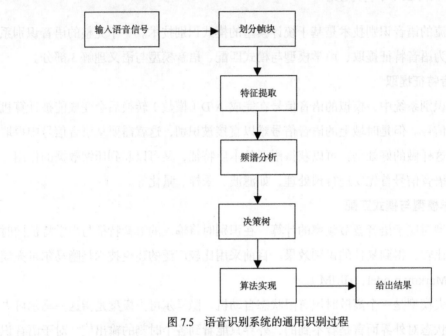

图 7.5　语音识别系统的通用识别过程

语音识别一般要经过以下几个过程。

（1）语音预处理，包括对语音的幅度标称化、频响校正、分帧、加窗和始末端点检测等内容。

（2）语音声学频谱分析，可利用线性预测编码技术、快速傅里叶变换和频率滤波器组等。

（3）对每个块做判别。

（4）模式匹配，可以采用距离准则或概论准则，也可以采用句法分类等。

（5）识别判决，通过最后的判别函数给出识别的结果。

语音识别可以按不同的识别内容进行分类，分为音素识别、音节识别、词或词组识别；可以按词汇量分类，分为小词量（50 个词以下）识别、中词量（50～500 个词）识别、大词量（500 个词以上）识别及超大词量（几千至几万个词）识别；也可以按发音特点分类，分为孤立音识别、连接音识别及连续音识别；还可以按对发音人的要求分类，分为特定人识别（即只对特定的发音人识别）和非特定人识别（即发音人是谁都能识别）。显然，较为困难的语音识别是大词量、连续音和非特定人同时满足的语音识别。

7.4.3　语音识别应用过程中的四大挑战

得益于深度学习的快速发展，语音识别系统的准确率大幅提升，语音输入、语音搜索以及语音交互等产品已经逐步达到了实用门槛，并日臻成熟。但是，要想真正实现语音识别系统在各种场景中更自然、更便利、更高效的应用，仍然面临说话风格、口音、录音质量等诸多挑战。下面介绍四大挑战。

1. 恶劣场景下的识别问题

语音识别系统面临的第一个挑战是恶劣场景下的识别问题。具体地，在远距离、带噪声等复杂的使用场景中，各种噪声、混响，甚至是其他人语音的插入，容易造成语音信号的混叠与污染，对语音识别的准确性产生较大的影响。

2. 多语言混合识别问题

语音识别系统面临的第二个挑战是多语言混合识别问题。随着不同国家之间文化交流的日益增进，多语种混合的说话风格越来越频繁地出现在日常交流场景甚至是正式会谈等场合，其中又以中英文混杂的说话风格最具代表性。例如，"你今天要不要去shopping？""听说最近好多商场都有很大的 discount"。语种混合问题也是当前语言识别技术领域面临的重要难题。因为在传统语言识别方案中，不同语种的语音识别系统是独立建模的，所以如何针对不同的语种进行建模单元的有效融合和区分以及如何处理多语言混合场景中语音数据、文本数据的获取等问题，都是多语言混合识别的难点。

3. 专业词汇识别问题

语音识别系统面临的第三个重要挑战是特定领域专业词汇的识别问题。专业词汇的识别准确率很大程度上依赖于语言模型训练语料的覆盖度。由于行业应用领域的广泛性，训练语料不可避免地存在稀疏性问题，而且专业词汇出现的概率通常明显低于通用词汇，因此专业词汇有较大风险识别成发音相近的通用词汇。

4. 低资源小语种识别问题

语言识别系统面临的第四个挑战是低资源小语种的识别问题。连续语音识别系统依赖于大量的有监督数据，对于常用的语种如中文、英文等，数据资源丰富，效果已经达到可用的水平。低资源小语种识别是指对于语料库非常有限甚至只有少量标注数据的一些少数民族语言、方言、特定行业或专业术语等语言进行识别。由于数据量有限，训练出的模型往往难以满足高精度的要求。因此低资源小语种识别是语音识别系统所面临的一个很大的挑战。

7.5 机 器 翻 译

机器翻译就是让机器模拟人的翻译过程，利用计算机自动地将一种自然语言翻译成另一种自然语言。经过 50 多年的发展，机器翻译领域出现了很多研究方法，包括直接翻译方法、句法转换方法、中间语言方法、基于规则的方法、基于语料库的方法、基于实例的方法（含模板与翻译记忆方法）、基于统计的方法、基于深度学习的方法等。其中基于深度学习的机器翻译方法在近几年取得了巨大进步，超越了以往的任何方法。

7.5.1 机器翻译原理与过程

机器翻译是指利用计算机技术将一种自然语言的文本自动翻译成另一种自然语言的过程。

机器翻译的过程一般包括 4 个阶段：原文输入、原文分析（查词典和语法分析）、译文综合（调整词序与修辞）和译文输出。下面以英汉机器翻译为例，简要说明机器翻译的整个过程。

1. 原文输入

由于计算机只能接收二进制数，所以字母和符号必须按照一定的编码方法转换成二进制数。

2. 原文分析

原文分析阶段包括两个部分：查词典和语法分析。

（1）查词典

通过查词典，找出词或词组的译文代码和语法信息，为以后的语法分析与译文输出提供条件。机器翻译中的词典按其任务的不同可分成以下几种：综合词典、成语词典、同形词典、（分离）结构词典、多义词典。通过查词典，原文句中的词在语法类别上便可成为单功能的词，在词义上成为单义词（某些介词和连词除外），从而给下一步语法分析创造有利条件。

（2）语法分析

经过词典加工之后，就进入了对输入句的语法分析。语法分析的任务是进一步明确某些词的形态特征，切分句，找出词与词之间在句法上的联系，为下一步译文综合做好充分准备。

通过英汉语对比研究发现，翻译英语句子时除了要翻译其中各个词的意义，还需完成调整词序和翻译一些形态成分的工作。为了调整词序，首先必须弄清楚需要调整什么，即找出要调整的对象。根据分析，英语词组一般分为：动词词组、名词词组、介词词组、形容词词组、分词词组、不定式词组、副词词组等。它们都可以作为调整的对象。

3. 译文综合

译文综合这一阶段的第一个任务主要是把应该移位的成分调动一下。如何调动，即采取什么加工方法，这是一个复杂的问题。

根据层次结构原则，下述方法被认为是一种合理的加工方法：首先加工间接成分，从后向前依次取词加工；其次加工直接成分，依据成分取词加工；如果是复句，则还要分情况进行加工，对于一般复句，在调整各分句内部的各种成分后，将个分句都作为一个相对独立的语段处理，采用从句末向前依次选取语段的方法加工；对于包孕式复句，采用先加工插入句，再加工主句的方法。

译文综合的第二个任务是修辞加工，即根据修辞的要求增补或删除一些词。

译文综合的第三个任务是查汉文词典，根据译文代码(实际是汉文词典中汉文词的顺序号)找出汉字的代码。

4. 译文输出

译文输出是通过一种语言输出装置将该语言的代码转换成文字，输出译文的过程。目前世界上已有许多个面向应用的机器翻译规则系统，其中一些是机助翻译系统，有的甚至只是让机器帮忙查词典，但是也能把翻译效率提高约 50%。

7.5.2 通用翻译模型

通用翻译模型通常是指一种能够处理多种语言对之间相互翻译的模型，因此可以被归为机器翻译的范畴。这种模型通常具有广泛的语言覆盖范围，能够在不同语言之间进行翻译，而不是专注于单一语言对之间的翻译。因此，通用翻译模型是机器翻译领域中的重要技术之一。

2017 年 6 月，"谷歌大脑"提出了一个完全基于注意力机制的编解码器模型 Transformer，它完全抛弃了之前其他模型引入注意力机制后仍然保留的循环与卷积结构，在任务表现、并行能力和易于训练性方面都有大幅提高。Transformer 从此也成为机器翻译和其他许多文本理解任务中的重要基准模型。2018 年 8 月，"谷歌大脑"又提出了

Transformer 的升级版——Universal Transformer。在 Transformer 出现之前，基于神经网络的机器翻译模型多数都采用了 RNN 的模型架构，它们依靠循环功能进行有序的序列操作。虽然 RNN 架构有较强的序列建模能力，但它们有序操作的天然属性也意味着它们训练起来很慢，越长的句子就需要越多的计算步骤，循环的架构也很难训练好。在新模型中，"谷歌大脑"的研究人员对标准的 Transformer 模型进行了拓展，让它具有了通用计算能力。他们使用了一种新型的、注重效率的时间并行循环结构，并在更多任务中取得了有效的结果。

在自然语言处理领域，我国的 2022 年政务公开工作要点中提到，加强人工智能等技术运用，建设统一的智能化政策问答平台，围绕各类高频政策咨询事项，以视频、图解、文字等形式予以解答，形成政策问答库并不断丰富完善。

7.6 小 结

本章对自然语言处理的含义、11 个主要功能应用进行介绍，并对自然语言处理过程中用到的词法分析、句法分析、语义分析技术等进行探讨。以智能问答系统和聊天机器人等为例，对自然语言处理的应用场景的结构、分类、流程等进行系统分析；对语音识别和机器翻译用到的技术和相关示例进行介绍。

自然语言处理拓展阅读

思 考 题

7.1 什么是自然语言处理？它包括哪些方面的技术？

7.2 自然语言处理有哪些应用？

7.3 自然语言处理的句法分析的基本方法是什么？中英文句法分析有何区别？

7.4 聊天机器人的原理是什么？它有哪些类型和应用？

7.5 语音识别的原理是什么？了解智能音箱产品，并分析其语音识别的基本过程和方法。

7.6 机器翻译的原理是什么？机器翻译的主要系统和方法有哪些？

第8章 图像处理

在信息社会中，电子技术和计算机技术的发展对图像的广泛应用起到了极大的推动作用，有关各类图像的采集和加工技术近年来得到了长足的发展，出现了许多有关的新理论、新技术、新算法、新手段和新设备，并已使得各种图像技术在科学研究、工业生产、医疗卫生、教育、娱乐、管理和通信等方面得到了广泛的重视，对推动社会发展、改善人们生活水平都起到了重要作用。图像处理是用计算机对图像进行分析，以达到所需结果的技术，又称影像处理。使用视频和音频处理技术和工具进行编辑、剪辑、展示、分析，增加预期的特效效果，被称为视频处理。

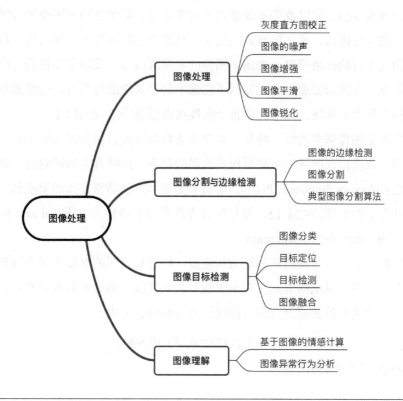

8.1 图像处理

8.1.1 灰度直方图校正

1. 灰度映射

灰度图像的视觉效果取决于该图像中各个像素的灰度。灰度映射通过改变图像中所有或部分像素的灰度来达到改善图像视觉效果的目的。

灰度映射是一种基于图像像素的点操作，可以原地完成。它通过对原始图像中每个像素赋予一个新的灰度值来增强图像。一幅图像含有大量的像素，对每个像素都单独计算一个新的灰度值会需要很大的计算量。实际应用中是先根据增强的目的设计某种映射规则，并用相应的映射函数来表示。对原始图像中的每个像素都用这个映射函数将其原来的灰度值转化成另一灰度值输出。

2. 直方图校正

直方图是对图像的一种抽象表示方式，是通过对图像的统计得到的。借助对图像直方图的修改或变换，可以改变图像像素的灰度分布，从而达到对图像进行增强的目的。

对一幅灰度图像，其灰度直方图反映了该图中不同灰度级出现的统计情况。图像的直方图包含丰富的图像信息，描述了图像的灰度级内容，反映了图像的灰度分布情况。图像的灰度直方图以图表的方式显示了图像中每个灰度级与其所对应像素数量的关系。图表的横坐标为灰度级，纵坐标是各个灰度级在图像中出现的频率。

直方图是图像基本的统计特征，其中像素数量可被看作灰度级的函数。从概率论的角度来看，灰度出现的频率可被看作其出现的概率，这样直方图就对应于概率密度函数（probability density function，PDF），而概率分布函数就是直方图的累积和，即概率密度函数的积分。对数字图像来说，常见的直方图类型有线性直方图（linear histogram）和累积直方图（cumulative histogram）。

两种情况下，直方图的横轴均为灰度级，线性直方图的纵轴为灰度级对应的像素数量，累积直方图的纵轴则表示所有小于或等于灰度级 k 的像素数量之和。若以离散函数形式表示两种类型的灰度直方图，则线性直方图可表示为：

$$H_{\text{linear}}(k) = n_k, k \in [0, \max] \tag{8.1}$$

累积直方图则可表示为：

$$H_{\text{cumul}}(k) = \sum_{i}^{k} n_i, k \in [0, \max] \tag{8.2}$$

其中，$H(k)$ 和 n_k 表示灰度级对应的像素数量；k 表示灰度级；max 表示图像数据类型可表示的最大值。

图像直方图是基本的图像分析工具。由于其具有简单、易用等特点，因此在图像分割、图像灰度变换等处理过程中发挥着重要作用。图像直方图常见的作用包括：判断图像中是否包含可以清晰地从背景中分割出的区域，分析图像的亮度和对比度是否满足机器视觉系统的检测要求，以及确定如何对图像采集系统进行调整和改进。

3. 直方图匹配

在图像处理过程中，通常希望一幅图像的直方图尽可能与另一幅较为满意的图像（一般是在相同场景下获得的较为满意的图像模板）的直方图或者特定函数形式的直方图类似，以获得与理想图像相近的色调和对比度效果。这种将图像直方图（或其中某一灰度范围）变成某种特定形状的变换过程称为直方图匹配（histogram matching）或直方图修正。直方图匹配以概率论为基础，常用的方法主要有直方图均衡化和直方图规定化。

（1）直方图均衡化

特殊情况下，若将图像的直方图匹配成在整个灰度范围内均匀分布（即在每个灰度级上都具有相同的像素数量），则将该图像变换过程称为直方图均衡化（histogram equalization）。

直方图均衡化是一种典型的通过对图像的直方图进行修正来获得图像增强效果的自动方法。

直方图均衡化常用于调整多幅图像的对比度，尤其是在图像中的有用数据对比度相当接近的情况下。直方图均衡化对于背景和前景都太亮或者太暗的图像极其有用，它能以较小的计算量突出图像的细节，且能实现可逆操作（如果已知直方图均衡化函数，就可恢复原始的直方图）。

直方图均衡化处理主要用于增强动态范围偏小的图像的反差，其中心思想是把原始图的直方图变换为在整个灰度范围内均匀分布的形式，这样就增加了像素灰度值的动态范围，从而可达到增强图像整体对比度的效果。它将对图像进行非线性拉伸，重新分配图像像素数量，使一定灰度范围内的像素数量大致相同。其过程本质上是通过扩大灰度量化间隔来扩展图像中像素数量较多的灰度级，压缩像素数量较少的灰度级来实现的。

将灰度直方图函数表达式写成更一般的（批规范化的）概率表达形式，$P(f)$ 给出了对 f 出现概率的一个估计：

$$P(f)=nf/n \qquad f=0,1,\cdots,L-1 \qquad (8.3)$$

其中，n 是图像里像素的总数。通过用图像里像素的总数进行批规范化，得到的直方图各列表达的是各灰度值像素在图像中所占的比例。

直方图均衡化的基本思想是把原始图的直方图变换为均匀分布的形式，在此需要确定一个变换函数，也就是增强函数，这个增强函数需要满足 2 个条件。

① 它在 $0 \leqslant f \leqslant L-1$ 范围内是一个单调递增函数，这是为了保证原图各灰度级在变换后仍保持原来从黑到白（或从白到黑）的排列次序。

② 如果设均衡化后的图像为 $g(x,y)$，则对 $0 \leqslant f \leqslant L-1$ 应有 $0 \leqslant g \leqslant L-1$，这个条件用于保证变换前后图像的灰度值动态范围是一致的。

可以证明满足上述 2 个条件并能将 f 中的原始分布转换为 g 中的均匀分布的函数关系可由图像 $f(x,y)$ 的累积直方图得到，从 f 到 g 的变换为：

$$g_f = \sum_{i=0}^{f} \frac{n_i}{n} = \sum_{i=0}^{f} p(i) \qquad f=0,1,\cdots,L-1 \qquad (8.4)$$

根据上式可从原图像直方图直接算出直方图均衡化后图像中各像素的灰度值。

（2）直方图规定化

直方图规定化（histogram specification）是一种用于图像处理的灰度级调整技术，可增强图像的对比度、亮度和细节。它的步骤如下。

① 计算图像的直方图。直方图旨在展示图像中像素灰度级的分布情况，可以使用一些现成的图像处理软件来计算。

② 将直方图进行批规范化处理，即将直方图中的像素数量除以总像素数，确保它们总和为 1。

③ 计算直方图的累积分布函数（cumulative distribute function，CDF）。这可以通过将直方图中的每个值与它前面的值相加来计算。

④ 对 CDF 进行批规范化处理，确保其最小值为 0，最大值为 255。

⑤ 对于每个像素的灰度级，将其映射到批规范化后的 CDF 中，这会调整图像的亮度和对比度。

8.1.2 图像的噪声

1. 图像噪声的概念

对数字图像处理而言，噪声是指图像中的非本源信息。因此，噪声会影响人的感官对所接收的信源信息的准确理解。在理论上，噪声只能通过概率统计的方法来认识和研究噪声信号。从严格意义上分析，图像噪声可认为是多维随机信号，可以采用概率分布函数、概率密度函数以及均值/方差相关函数等描述噪声特征。

2. 图像噪声的产生

目前，大多数数字图像系统中，都通过扫描方式将多维输入图像变成一维电信号，再对其进行存储、处理和传输等，最后形成多维图像信号。在这一系列复杂过程中，图像数字化设备、电气系统和外界影响将使得图像噪声的产生不可避免。

3. 图像噪声的分类

图像噪声按其产生的原因可分为外部噪声和内部噪声。外部噪声是指系统外部干扰从电磁波或经电源传进系统内部而引起的噪声。一般情况下，数字图像中常见的外部干扰主要包括设备元器件及材料本身引起的噪声、系统内部设备电路所引起的噪声和电气部件机械运动产生的噪声。

噪声按统计特性可分为平稳噪声和非平稳噪声两种。其中统计特性不随时间变化的噪声称为平稳噪声，统计特性随时间变化的噪声称为非平稳噪声。根据噪声与信号之间的关系，噪声可分为加性随机噪声和乘性脉冲噪声。理论上，加性随机噪声处理方法成熟，且处理比较方便；而乘性随机噪声目前还没有成熟的处理方法理论，并且处理起来非常复杂。一般条件下，现实生活中所遇到的绝大多数图像噪声均可认为是加性随机噪声。

4. 图像噪声的特点

一般情况下，图像噪声有以下 3 个特点。

（1）叠加性。在图像的串联传输系统中，各个串联部分引起的噪声一般具有叠加效应，使信噪比下降。

（2）分布和大小不规则。由于噪声在图像中是随机出现的，所以其分布和幅值也是随机的。

（3）噪声与图像之间具有相关性。通常情况下，摄像机的信号和噪声相关，明亮部分噪声小，黑暗部分噪声大。

5. 图像噪声的处理

数字图像处理技术中存在的量化噪声与图像相位相关。图像信号接近平坦时，量化噪声呈现伪轮廓，但此时图像信号中的随机噪声会因为颤噪效应而使量化噪声变得不是很明显。

改善被噪声污染的图像质量有两种方法。一种方法是不考虑图像噪声的原因，只对图像中某些部分加以处理或突出有用的图像特征信息，改善后的图像信息并不一定与原图像信息完全一致。这一类改善图像特征的方法就是图像增强技术，主要目的是提高图像的可辨识性。另一种方法是针对图像噪声产生的具体原因，采取技术方法补偿噪声影响，使改善后的图像尽可能地接近原始图像，这类方法称为图像恢复或复原技术。

8.1.3 图像增强

根据处理过程所在空间的不同，图像增强可分为空域增强法和频域增强法两大类。此外，图像增强按所处理对象的不同还可分为灰度图像增强和彩色图像增强，按增强的目的还可分为光谱信息增强、空间纹理信息增强和时间信息增强。通常情况下，如果没有特别说明，图像增强一般均指灰度图像增强。

1. 空域增强法

空域增强法直接在图像所在的二维空间进行处理，即直接对每一像素的灰度值进行处理，根据所采用的技术不同又可分为灰度变换和空域滤波两类方法。灰度变换可以调整图像的像素值，从而改变图像的对比度、亮度、饱和度等特性。灰度变换可以应用于各种不同的图像处理任务中，如增强图像的视觉效果、提高图像的质量、改善图像的特征提取等。空域滤波是基于邻域处理的增强方法，它应用某一模板对每个像素与其周围邻域的所有像素进行某种确定数学运算得到该像素新的灰度值，输出值的大小不仅与该像素的灰度值有关，还与其邻域内的像素的灰度值有关。常用的图像平滑滤波与锐化滤波技术就属于空域滤波的范畴。

2. 频域增强法

频域增强法首先将图像从空域按照某种变换模型变换到频域，然后在频域对图像进行处理，再将其反变换到空域，通常包括低通、高通和同态等滤波器结构。

3. 图像增强效果评价

目前对图像增强效果的评价主要包括定性评价和定量评价两个方面。定性评价主要根据人的主观感觉，对图像增强的视觉效果进行评判，一般主要对图像的清晰度、色调、纹理等几方面进行主观评价。定性评价的不足是与评价者的主观性密切相关，即对同一幅被增强的图像，不同的人可能有不同的评价。

定性评价的主要优点是可以从一幅图像中有选择地对具体研究对象进行重点比较和评价，即定性评价可以对图像的局部或具体研究目标进行评价，具有灵活性和广泛的适应性。

定量评价图像增强效果目前还没有业界统一接受的标准与尺度，目前通常采用的方法是从图像的信息量、标准差、均值、纹理度量值和具体研究对象的光谱特征值等方面与原始图像进行比较进而给出评价。

定量评价的最大优点是客观公正，但通常是对一幅图像从整体上进行评价，很难对图像的局部或具体对象进行评价，而图像整体的定量分析容易受到噪声等因素的影响。因此，对图像增强效果的评价一般以定性评价为主。

需要强调的是，评价一个图像增强算法的性能优越与否是比较复杂的，增强效果的好坏不仅与具体算法有一定的关系，还与原始图像的数据特征直接相关。

8.1.4 图像平滑

降低图像细节幅度的图像处理技术叫作图像平滑（image smoothing）。图像平滑是通过减少图像中的高频噪声来改善图像的质量。能够减少甚至消除噪声并保持高频边缘信息是图像平滑算法追求的目标。图像平滑可以在空域进行，也可以在频域中进行。

1. 空域平滑

空域平滑是实现图像平滑的一种方法，它直接在图像的空间域上进行操作，通过修改图像中每个像素的值来达到平滑效果。空域平滑的常见技术包括使用不同类型的滤波器，这些滤波器通过对像素及其邻域内像素的值进行特定的数学计算来修改像素值。首先介绍如下几种空域平滑方法。

（1）邻域平均法

邻域平均法是一种简单的局部空域线性处理的算法，也可以叫作等权平均法。假设图像由许多灰度值近似相等的小块组成，相邻像素间存在很高的空间相关性，而且噪声是统计独立的，则可用像素邻域内的各个像素的灰度平均值代替该像素原来的灰度值来实现图像的平滑。它是将每个输入的像素值及其某个邻域的像素值结合处理而得到输出像素值的过程。

设一幅图像 $f(x,y)$ 为 $N \times N$ 的阵列，平滑后的图像为 $g(x,y)$，它的每个像素的灰度级由包含 (x,y) 邻域的 M 个像素的灰度级的平均值所决定，即用下式得到平滑后的图像：

$$g_m(x,y) = \frac{1}{M} \sum_{(i,j) \in s} f(i,j) \qquad (8.5)$$

其中，$x,y = 0,1,2,\cdots,N-1$；S 是以 (x,y) 点为中心的邻域的集合；M 是 S 内坐标点的总数。

这种算法的主要优点是简单、处理速度快；主要缺点是在降低噪声的同时使图像变得模糊，特别是在边缘和细节处。邻域越大，在去噪能力增强的同时模糊程度越严重。

为了适当减少上述平滑算法带来的负效应，在邻域平均的基础上可以采用阈值法，这样平滑后的图像比直接采用无阈值限制的邻域平均方法处理的图像模糊程度降低，即：

$$f(x,y)=\begin{cases} g_m(x,y) & g(x,y)-g_m(x,y)>T \\ g(x,y) & \text{其他} \end{cases} \tag{8.6}$$

其中，T 是一个规定的非负阈值，当一些点和它们邻值的差值不超过规定的阈值时，仍保留这些点的像素灰度值。当某些点的灰度值与各邻点灰度的均值差别较大时，则取其邻域平均值作为该点的灰度值。

（2）梯度倒数加权平滑

一般情况下，在同一个区域内的像素灰度变化要比在区域之间的像素灰度变化小，相邻像素灰度差的绝对值在边缘处要比区域内部要大。相邻像素灰度值差的绝对值称为梯度。

在一个较小的窗口内（若恰好含有两个或多个区域，区域之间的像素形成边缘），若把中心像素与其相邻像素之间的梯度倒数定义为各相邻像素的权值，则在区域内部的相邻像素的权值系数最大，而在噪声处的相邻像素权值系数最小。考虑边缘和细节的局部连续性，此处相邻像素的权值系数应位于最大值与最小值之间。采用梯度倒数加权平均值作为中心像素的输出值，在使图像平滑的同时，一定程度上可以保持边缘和细节。

设点 (x,y) 的灰度值为 $f(x,y)$。在 3×3 的邻域内的像素梯度倒数为：

$$g(x,y;i,j)=\frac{1}{|f(x+i,y+j)-f(x,y)|} \tag{8.7}$$

这里，$i,j=-1,0,1$，表示考虑中心像素的 8 邻域像素。当相邻像素的灰度值相等时，定义上式值为 2。因此 $g(x,y;i,j)$ 的值域为 $(0,2]$。考虑中心像素灰度值对均值的影响程度及权值系数矩阵批规范化，规定批规范化后中心像素的权值系数为 1/2，其余 8 邻域像素权值系数和为 1/2，这样使各元素总和等于 1。于是可得批规范化的权值系数矩阵为：

$$W=\begin{bmatrix} \omega(x-1,y-1) & \omega(x-1,y) & \omega(x-1,y+1) \\ \omega(x,y-1) & \frac{1}{2} & \omega(x,y) \\ \omega(x+1,y-1) & \omega(x+1,y) & \omega(x+1,y+1) \end{bmatrix} \tag{8.8}$$

利用上述权值系数矩阵和原始图像进行加权卷积，实现对图像的平滑操作。

（3）中值滤波

中值滤波是一种统计排序滤波器，通过去除图像中的噪声而尽量减少图像边缘和较尖锐细节的模糊化，并且保持的图像特征是边缘和图像的锐度。

其中像素的值不用平均值而用该像素周围某邻域内像素的中值来代替。中值滤波是一种非线性滤波，尽管也是对中心像素的邻域进行处理，但并不求以某些系数为权的加权和，无法用一个线性表达式得到处理的结果。

中值滤波的步骤如下。

① 模板在图像中漫游，将模板中心与图中某个像素位置重合。

② 读取模板下各对应像素的灰度值。

③ 灰度值从小到大排序。

④ 找出中值。

⑤ 将中值赋给对应模板中心位置的像素。

当邻域中的几个像素具有相同的灰度值时，所有相等的值成组地存放在相邻位置。

常用窗口模型 Max-Min 算法是在中值滤波基础上的改进。对图像中任一像素，为了在其某一邻域内实现 Max-Min 滤波，我们首先对除中心像素以外的邻域内像素的灰度值进行最大值、最小值的确定，然后将中心像素灰度值与上述最值进行比较。若中心像素的灰度值大于邻域像素值的最大值，则用该最大值作为中心像素的灰度值；若中心像素的灰度值小于邻域像素值的最小值，则用该最小值作为中心像素的灰度值；若中心像素的灰度值位于邻域像素值的最大值和最小值之间，则保持中心像素的原始灰度值不变。

（4）多幅图像平均法

多幅图像平均法是利用对同一景物的多幅图像取均值来消除噪声产生的高频成分。设原图像为 $f(x, y)$，图像噪声为加性噪声 $n(x, y)$，则有噪声的图像 $g(x, y)$ 可表示为：

$$g(x, y) = f(x, y) + n(x, y) \tag{8.9}$$

若图像噪声是互不相关的加性噪声，且均值为 0，则：

$$f(x, y) = E[g(x, y)] \tag{8.10}$$

式中，$E[g(x, y)]$ 是多幅有噪声图像的期望值，对 M 幅有噪声的图像取均值后有：

$$f(x, y) = E[g(x, y)] \approx \bar{g}(x, y) = \frac{1}{M} \sum_{i=1}^{M} g_i(x, y) \tag{8.11}$$

方差表达式为：

$$\sigma^2_{\bar{g}(x, y)} = \frac{1}{M} \sigma^2_{n(x, y)} \tag{8.12}$$

上式表明对 M 幅有噪声的图像取均值可把噪声方差减小 $1/M$；当 M 增大时，取均值后的图像更接近于理想图像。

（5）空间低通滤波

从信号频谱角度来看，信号的缓慢变化部分在频域属于低频部分，而信号的迅速变化部分在频域属于高频部分。对图像来说，它的边缘以及噪声干扰的频率分量都处于频率较高的部分。因此可以采用低通滤波的方法来去除噪声，只要适当地设计空域系统的单位冲激响应函数就可以达到滤除噪声的效果。

2. 频域平滑

对于一幅图像，它的细节边缘灰度跳跃部分以及噪声都代表图像的高频分量，而大面积的背景区和缓慢变化部分则代表图像的低频分量。对许多信号而言，低频成分蕴含着信号的特征，而高频成分给出信号的细节或差异。噪声属于高频成分。因此，只要能用频域低通滤波法去除其高频分量就能去掉噪声，从而使图像得到平滑。利用卷积定理可知：

$$G(u,v) = H(u,v)F(u,v) \tag{8.13}$$

式中，$F(u,v)$ 对应含噪声的原始图像 $f(x,y)$ 的傅里叶变换；$G(u,v)$ 是平滑后图像的傅里叶变换；$H(u,v)$ 是低通滤波器传递函数。利用 $H(u,v)$ 使 $F(u,v)$ 的高频分量得到衰减，得到 $G(u,v)$ 后，再经过反变换就得到所希望的图像 $g(x,y)$。

根据频域滤波公式进行频域滤波的步骤如下。

① 原始图像 $f(x,y)$ 经过离散傅里叶变换，得到 $F(u,v)$。

② $F(u,v)$ 的零频点移动到频谱图的中心位置。

③ 计算函数 $H(u,v)$ 与 $F(u,v)$ 的乘积，得到 $G(u,v)$。

④ $G(u,v)$ 的零频点移到频谱图的左上角位置。

⑤ 计算第④步结果的傅里叶反变换，得到 $g(x,y)$。

⑥ 取 $g(x,y)$ 的实部作为最终滤波后的结果图像。

常用的低通滤波器如下。

（1）理想低通滤波器

一个理想的低通滤波器的传递函数 $H(u,v)$ 由下式表示：

$$H(u,v) = \begin{cases} 1 & D(u,v) \leqslant D_0 \\ 0 & D(u,v) > D_0 \end{cases} \tag{8.14}$$

其中，$D(u,v) = \sqrt{u^2+v^2}$ 是频谱上点 (u,v) 到原点的距离。D_0 是一个规定的正值，称之为理想低通滤波器的截止频率。

截止频率越低，频域滤波器越窄，通过的低频成分就越少，相应地，滤除的低频成分就越多（只有非常接近原点的低频成分能够通过），图像越模糊。截止频率越高，通过的频率成分就越多，图像模糊的程度越小，所获得的图像也就越接近原图像。

平滑处理过程中会产生较严重的模糊和振铃效应（ringing effect）。振铃效应的典型表现是在图像灰度剧烈变化的邻域出现"类吉布斯"分布的振荡，产生的直接原因是图像退化过程中高频信息的丢失，从而造成图像高频特性的混淆。而理想低通滤波器产生这些现象的主要原因是 $H(u,v)$ 在 D_0 处由 1 突变到 0，这种理想的 $H(u,v)$ 对应的冲激响应函数 $h(x,y)$ 在空域中表现为同心环的形式，并且此同心环半径与 D_0 成反比。D_0 越小，同心环半径越大，模糊程度越厉害。

（2）巴特沃思低通滤波器

巴特沃思低通滤波器又称作最大平坦滤波器。与理想高通滤波器不同，它的通带与阻带之间没有明显的不连续性。因此，它的空域响应没有"振铃"现象发生，模糊程度减少，一个 n 阶巴特沃思低通滤波器的传递函数为：

$$H(u,v) = \frac{1}{1 + [D(u,v)/D_0]^{2n}} \tag{8.15}$$

或

$$H(u,v) = \frac{1}{1 + (\sqrt{2} - 1)[D(u,v)/D_0]^{2n}} \tag{8.16}$$

从它的传递函数 $H(u,v)$ 可以看出，在它的尾部保留有较多的高频，对噪声的平滑效果不如理想低通滤波器。一般情况下，常采用下降到 $H(u,v)$ 最大值 $1/\sqrt{2}$ 的那一点为低通滤波器的截止频率点。

当 $D(u,v) = D_0$、$n = 1$ 时，利用上面两式得到 $H(u,v) = 1/2$ 和 $H(u,v) = 1/\sqrt{2}$，说明两种 $H(u,v)$ 具有不同的衰减特性，可以视需要来确定。

（3）指数低通滤波器

指数低通滤波器的传递函数 $H(u,v)$ 表示为：

$$H(u,v) = e\left\{ -\left[\frac{D(u,v)}{D_0}\right]^n \right\} \tag{8.17}$$

或

$$H(u,v) = e\left\{ -\ln\frac{1}{\sqrt{2}}\left[\frac{D(u,v)}{D_0}\right]^n \right\} \tag{8.18}$$

当 $D(u,v) = D_0$，$n = 1$ 时，利用上面两式得到 $H(u,v) = 1/e$ 和 $H(u,v) = 1/\sqrt{2}$，说明两者的衰减特性仍有不同。由于指数低通滤波器具有比较平滑的过滤带，因此经此平滑后的图像没有振铃现象，而指数低通滤波器与巴特沃思低通滤波器相比，前者具有更快的衰减特性。指数低通滤波器处理的图像比巴特沃思低通滤波器处理的图像稍微模糊一些。

8.1.5 图像锐化

用以增强图像细节的图像处理技术叫作图像锐化（image sharpening）。图像锐化处理是为了突出图像中的细节或者增强被模糊了的细节。图像的模糊实质上就是取均值或积分运算。从逻辑角度可以断定，对图像进行取均值或积分的逆运算如微分运算，就可以使图像清晰，但是图像微分增强了边缘和其他突变（如噪声）并削弱了灰度变化缓慢的区域。从频谱角度来分析，图像模糊的实质是其高频分量被衰减，可以通过高频加重滤波来使图像清晰。

能够进行锐化处理的图像必须具有较高的信噪比，否则，图像锐化后，加强噪声成分使图像信噪比更低。锐化会导致噪声受到比信号还强的增强，一般须先去除或减轻干扰噪声，然后才能进行锐化处理。

1. 微分算子

对于一阶微分的任何定义，都必须保证以下几点。

① 平坦区域（灰度不变的区域）微分值为 0。

② 在灰度阶梯或斜坡的起始点处微分值非 0。

③ 沿着斜坡的微分值非 0（nonzero）。

任何二阶微分的定义也类似。

① 平坦区域微分值为 0。

② 在灰度阶梯或斜坡的起始点处微分值非 0。

③ 沿着斜坡的微分值为 0（zero）。

对于一元函数 $f(x)$，用一个前向差分的差值运算表达一阶微分的定义：

$$\frac{\partial f}{\partial x} = f(x+1) - f(x) \tag{8.19}$$

为了与对二元图像函数求微分时的表达式保持一致，这里使用了偏导符号。对于二元函数，我们将沿着两个空间轴处理偏微分。类似地，用如下差分定义二阶微分：

$$\frac{\partial^2 f}{\partial x^2} = f(x+1) + f(x-1) - 2f(x) \tag{8.20}$$

通过比较一阶微分处理与二阶微分处理的响应，可得到以下结论。

① 一阶微分处理通常会产生较宽的边缘。

② 二阶微分处理对细节（如细线和孤立点）有较强的响应。

③ 一阶微分处理一般对阶梯灰度有较强的响应。

④ 二阶微分处理对阶梯灰度变化产生双响应。

图像模糊的实质就是图像受到取均值运算或积分运算，为实现图像的锐化，必须用它的反运算——微分。微分运算用于求信号的变化率，有加强高频分量（细节和孤立噪声）的作用，从而使图像轮廓清晰。

为了把图像中向任何方向伸展的边缘和轮廓从模糊变清晰，希望对图像的某种导数运算是各向同性的。各向同性（isotropy）亦称均质性，原指物体具有的物理性质不随量度方向变化的特性，它能够保证沿物体不同方向所测得的性能显示出同样的数值。而沿物体不同方向所测得的性能显示出不同数值的特性，我们称之为物体的各向异性（anisotropy）。具有各向同性的算子的响应与其作用的图像的突变方向无关，即各向同性算子是旋转不变的，将原始图像旋转后进行处理的结果与先对图像进行处理再旋转的结果相同。联系图像中的边界或线条，无论边界或线条走向如何，只要幅度相同，则各向同性算子就给出相同的输出。

（1）简单梯度算子

对于图像函数 $f(x, y)$，它在点 (x, y) 处的梯度是一个与方向有关的矢量，定义为：

$$\boldsymbol{G}[f(x, y)] = \nabla \boldsymbol{f} = \begin{bmatrix} G_X \\ G_Y \end{bmatrix} = \begin{bmatrix} \dfrac{\partial f}{\partial x} \\ \dfrac{\partial f}{\partial y} \end{bmatrix} \tag{8.21}$$

梯度的两个重要性质如下。

① 梯度矢量的方向在函数 $f(x, y)$ 最大变化率的方向上，可对矢量求导并令其等于 0 得出。

② 梯度矢量的幅度即模值用 $\| \boldsymbol{G}[f(x, y)] \|$ 表示，并由下式算出：

$$\| \boldsymbol{G}[f(x, y)] \| = \sqrt{\left[\frac{\partial f}{\partial x} \right]^2 + \left[\frac{\partial f}{\partial y} \right]^2} \tag{8.22}$$

由上式可知，梯度的数值就是 $f(x, y)$ 在其最大变化率方向上的单位距离所增加的量。对数字图像而言，用差分代替微分，且梯度的幅度可以近似表示为：

$$\| \boldsymbol{G}[f(x, y)] \| = \sqrt{[f(i, j) - f(i, j+1)]^2 + [f(i, j) - f(i+1, j)]^2} \tag{8.23}$$

可以简化为：

$$\| \boldsymbol{G}[f(x, y)] \| \approx | f(i, j) - f(i, j+1) | + | f(i, j) - f(i+1, j) | \tag{8.24}$$

以上计算梯度的方法只涉及中心像素的水平和垂直方向的邻域像素，所以又称为水平垂直差分算子，用模板表示为：

$$\nabla_1 = \begin{bmatrix} 1 & -1 \\ 0 & 0 \end{bmatrix}, \nabla_2 = \begin{bmatrix} 1 & 0 \\ -1 & 0 \end{bmatrix}$$

式（8.24）中各像素的位置如图8.1所示。

另一种计算梯度的方法叫作罗伯茨（Roberts）交叉梯度法。用模板表示为：

$$\nabla_1 = \begin{bmatrix} -1 & 0 \\ 0 & 1 \end{bmatrix}, \nabla_2 = \begin{bmatrix} 0 & -1 \\ 1 & 0 \end{bmatrix}$$

图形表示如图8.2所示。

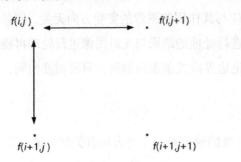
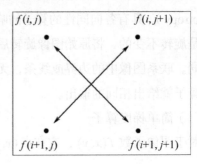

图 8.1　水平垂直差分算子　　　　　　图 8.2　罗伯茨算子

其数学表达式为：

$$\| G[f(x,y)] \| = \sqrt{[f(i+1,j+1) - f(i,j)]^2 + [f(i+1,j) - f(i,j+1)]^2} \qquad （8.25）$$

可简化为：

$$\| G[f(x,y)] \| = | f(i,j) - f(i+1,j+1) | + | f(i+1,j) - f(i,j+1) | \qquad （8.26）$$

以上两种梯度近似算法在图像的最后一行和最后一列的各像素的梯度无法求得，一般就用前一行和前一列的梯度值近似代替。由梯度的计算可知，在图像中灰度变化较大的边缘区域其梯度值大，在灰度变化平缓的区域其梯度值较小，而在灰度均匀区域其梯度值为0。但在灰度平坦区域中，增强小突变的能力是所有梯度处理的一项重要特性。

罗伯茨算子利用局部差分算子寻找边缘，边缘定位精度较高，但容易丢失一部分边缘，同时由于图像没经过平滑处理，因此不具备抑制噪声的能力。该算子对具有陡峭边缘且含噪声少的图像效果较好。当梯度计算完之后，可以根据不同需要生成不同的梯度增强图像。

（2）有向加权梯度算子

有向加权梯度算子是一种用于检测图像中边界或线条方向和强度的工具。这种算子通过计算图像中每个像素点的梯度来实现，梯度代表了图像亮度变化的速度和方向，是图像强度变化的一个向量表示。有向加权梯度算子不仅考虑了梯度的大小（即边界或线条的强度），还考虑了梯度的方向，以及对这些梯度的加权，使得算子在特定方向上对梯度变化更敏感。

采用梯度微分锐化图像，同样可以使加权平均具有均值化平滑噪声的功能，梯度加权算子能够一定程度上克服在图像锐化过程中噪声、条纹等增强的问题。

假设有一个3×3的图像子块，如图 8.3 所示。

$$f(i-1, j-1) \quad f(i-1, j) \quad f(i-1, j+1)$$

$$f(i+1, j-1) \quad f(i, j) \quad f(i+1, j-1)$$

$$f(i+1, j-1) \quad f(i+1, j) \quad f(i+1, j+1)$$

图 8.3　3×3 的图像子块

按下述算法变换图像的灰度，变换后像素 $f(i, j)$ 的灰度值由下式给出：

$$g = \sqrt{s_x^2 + s_y^2} \tag{8.27}$$

其中

$$s_x = [f(i-1, j-1) + 2f(i-1, j) + f(i-1, j+1)] - [f(i+1, j-1) + 2f(i+1, j) + f(i+1, j+1)]$$

$$s_y = [f(i-1, j+1) + 2f(i, j+1) + f(i+1, j+1)] - [f(i-1, j-1) + 2f(i, j-1) + f(i+1, j-1)]$$

或用模板表示为：

$$\nabla_1 = \begin{bmatrix} 1 & 2 & 1 \\ 0 & 0 & 0 \\ -1 & -2 & -1 \end{bmatrix}, \nabla_2 = \begin{bmatrix} -1 & 0 & 1 \\ -2 & 0 & 2 \\ -1 & 0 & 1 \end{bmatrix}$$

为了简化计算，用 $g=|s_x|+|s_y|$ 来代替变换后灰度值的计算，从而得到锐化后的图像。顺时针旋转 90° 使计算的边缘方向与实际边缘方向一致。模板系数之和为 0，表明灰度恒定区域的响应为 0。采用上述模板对图像进行锐化处理的算子叫作索贝尔（Sobel）算子。

索贝尔算子不像普通梯度算子那样用两个像素的差值，而用两列或两行元素加权和的差值，其优点如下。

① 由于引入了平均因素（平均因素通常用于描述一个随机变量在不同条件下的平均值之间的关系），且中心元素的取值为 2，通过突出中心点的作用而达到平滑的目的，因而对图像中的随机噪声有一定的平滑作用。

② 由于它采用两行或两列元素加权和的差值，因此边缘两侧的元素得到了增强，边缘显得粗而亮。

若将索贝尔算子的模板稍加变化：

$$\nabla_1 = \begin{bmatrix} 1 & \sqrt{2} & 1 \\ 0 & 0 & 0 \\ -1 & -\sqrt{2} & -1 \end{bmatrix}, \nabla_2 = \begin{bmatrix} -1 & 0 & 1 \\ -\sqrt{2} & 0 & \sqrt{2} \\ -1 & 0 & 1 \end{bmatrix}$$

结合上述两个模板和索贝尔算子的计算公式，便可得到各向同性索贝尔算子。与普通索贝尔算子相比，各向同性索贝尔算子位置加权系数更为准确，在检测不同方向的边缘时响应均相等，即不同方向的边缘梯度的幅度一致。

还有很多类似于索贝尔算子的一阶微分算子，如普鲁伊特（Prewitt）算子、基尔希（Kirsch）算子等。它们的原理很相近，只是模板中各元素权值系数的定义有一定的区别，需要综合考虑各个模板的响应确定梯度的幅值。但由于图像中边缘分布的随机性，这些算子不具备普适性。

2. 拉普拉斯算子

拉普拉斯（Laplace）算子是常用的各向同性（沿不同方向测得的性能为同样的数值）的二阶导数边缘增强处理算子，一个二元图像函数 $f(x, y)$ 的拉普拉斯变化定义为：

$$\nabla^2 f = \frac{\partial^2 f}{\partial x^2} + \frac{\partial^2 f}{\partial y^2} \tag{8.28}$$

对数字图像来讲，$f(x, y)$ 的二阶偏导数可表示为如下差分形式：

$$\begin{aligned} \frac{\partial^2 f}{\partial x^2} &= \nabla_x f(i+1, j) - \nabla_x f(i, j) \\ &= [f(i+1, j) - f(I, j)] - [f(i, j) - f(i-1, j)] \\ &= f(i+1, j) + f(i-1, j) - 2f(i, j) \end{aligned} \tag{8.29}$$

$$\frac{\partial^2 f}{\partial y^2} = f(i, j+1) + f(i, j-1) - 2f(i, j) \tag{8.30}$$

为此，拉普拉斯算子 $\nabla^2 f$ 为：

$$\nabla^2 f = \frac{\partial^2 f}{\partial x^2} + \frac{\partial^2 f}{\partial y^2} = f(i+1, j) + f(i-1, j) + f(i, j+1) + f(i, j-1) - 4f(i, j) \tag{8.31}$$

以模板表示为：

$$\begin{bmatrix} 0 & 1 & 0 \\ 1 & -4 & 1 \\ 0 & 1 & 0 \end{bmatrix}$$

数字图像在某点的拉普拉斯算子，可以由中心像素灰度级值和邻域像素灰度级值通过加权运算来求得，它们给出了以 90°旋转的各向同性的结果。模板中所有权系数之和为 0，目的是使处理后图像对图像灰度的平坦区域产生零响应。

对角线方向也可以加入拉普拉斯变换的定义中。这种模板对 45°增幅的结果是各向同性的。模板表示为：

$$\begin{bmatrix} 1 & 1 & 1 \\ 1 & -8 & 1 \\ 1 & 1 & 1 \end{bmatrix}$$

另外，如下所示的两个模板在实践中也经常使用。这两个模板也是以拉普拉斯变换定义为基础的。但是，当拉普拉斯滤波后的图像与其他图像合并时，必须考虑符号上的差别，即：

$$\begin{bmatrix} 0 & -1 & 0 \\ -1 & 4 & -1 \\ 0 & -1 & 0 \end{bmatrix} \qquad \begin{bmatrix} -1 & -1 & -1 \\ -1 & 8 & -1 \\ -1 & -1 & -1 \end{bmatrix}$$

由于拉普拉斯是一种微分算子，它的应用强调图像中灰度的突变及降低灰度缓慢变化的区域。这将产生一幅图像中的浅灰色边线和突变点叠加到暗背景中的图像。将原始图像和拉普拉斯滤波后的图像叠加在一起的简单方法可以保护拉普拉斯锐化处理的效果，同时又能复原背景信息。

同样，用原始图像减去图像拉普拉斯运算的结果图像，也可以使原始图像中的高频信息得到进一步增强，得到拉普拉斯增强算子。其对应数学表达式为：

$$\begin{aligned} g(i,j) &= f(i,j) - \nabla^2 f \\ &= f(i,j) - [f(i+1,j) + f(i-1,j) + f(i,j+1) + f(i,j-1) - 4f(i,j)] \\ &= 5f(i,j) - f(i+1,j) - f(i-1,j) - f(i,j+1) - f(i,j-1) \end{aligned} \qquad (8.32)$$

用模板可表示为：

$$\begin{bmatrix} 0 & -1 & 0 \\ -1 & 5 & -1 \\ 0 & -1 & 0 \end{bmatrix}$$

这个增强算子的特点如下。

（1）由于灰度均匀的区域或斜坡中间 $\nabla^2 f(x,y)$ 为 0，因此，拉普拉斯增强算子不产生响应。

（2）在斜坡或低灰度一侧形成"下冲"，而在斜坡顶或高灰度一侧形成"上冲"，说明拉普拉斯增强算子具有突出边缘的特点。

由于锐化在增强边缘和细节的同时往往也增强了噪声，为了在取得更好锐化效果的同时把噪声干扰降到最低，可以先对带有噪声的原始图像进行平滑滤波，再进行锐化，增强边缘和细节。

LoG 算子，即高斯拉普拉斯（Laplacian of Gaussian）算子，也叫马尔（Marr）算子，在平滑领域表现更好的高斯（Gauss）平滑算子同锐化领域表现突出的拉普拉斯锐化结合起来。考虑高斯型函数：

$$h(r) = -e^{-\frac{r^2}{2\sigma^2}} \qquad (8.33)$$

式中，$r^2 = x^2 + y^2$；σ 为标准差。图像经该函数滤波将产生平滑效应，且平滑的程度由 σ 决定。进一步计算拉普拉斯算子，即求 h 关于 r 的二阶导数，从而得到著名的 LoG 算子：

$$h(r) = -\left[\frac{r^2 - \sigma^2}{\sigma^4}\right] - e^{-\frac{r^2}{2\sigma^2}} \qquad (8.34)$$

3. 频域高通滤波

图像中的边缘或线条等细节部分与图像频谱的高频分量相对应。因此采用高通滤波让高频分量顺利通过，使图像的边缘或线条等细节变得清楚，同时实现图像的锐化。类似于低通滤波器，高通滤波亦可在频域中实现，也有 3 种常见的主要类型。为简单起见，现将它们的传递函数公式列出如下。

（1）理想高通滤波器：

$$H(u,v) = \begin{cases} 1 & D(u,v) > D_0 \\ 0 & D(u,v) \leq D_0 \end{cases} \qquad (8.35)$$

（2）巴特沃思高通滤波器：

$$H(u,v) = \frac{1}{1 + [D_0 / D(u,v)]^{2n}} \qquad (8.36)$$

或：

$$H(u,v) = \frac{1}{1 + (\sqrt{2}-1)[D_0 / D(u,v)]^{2n}} \qquad (8.37)$$

（3）指数高通滤波器：

$$H(u,v) = e\{-[D_0 / D(u,v)]^n\} \qquad (8.38)$$

或：

$$H(u,v) = \mathrm{e}\left\{ -\left[\ln\left(\frac{1}{\sqrt{2}} \right) \right] [D_0 / D(u,v)]^n \right\} \tag{8.39}$$

图 8.4 所示为 3 种高通滤波器的特性曲线。

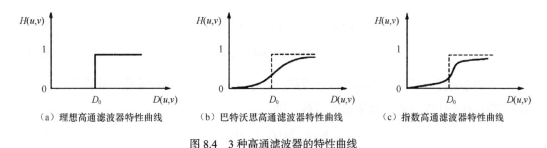

（a）理想高通滤波器特性曲线　　（b）巴特沃思高通滤波器特性曲线　　（c）指数高通滤波器特性曲线

图 8.4　3 种高通滤波器的特性曲线

8.2　图像边缘检测与分割

8.2.1　图像的边缘检测

边缘是指位于图像中灰度不连续（间断或跳变）的两个区域边界上的单个或一组相连的像素，常以点、直线或曲线的形式出现。基于目标的边缘，不仅可以确定机器视觉系统的坐标系，还能实现距离或角度测量、存在性检查或目标对准等类型的机器视觉系统。

图像中的边缘是像素灰度值发生加速而不连续的变化的结果。边缘检测是常见的图像基元检测的基础，也是所有基于边界的图像分割方法的基础。两个具有不同灰度值的相邻区域之间总存在边缘。图像边缘灰度值的不连续常可方便地通过计算导数来进行检测，一般常使用的是一阶导数和二阶导数。

在空域对边缘的检测常采用局部导数算子进行。下面分别对一阶导数算子和二阶导数算子进行介绍，然后讨论如何将检测出的边缘点连接成曲线或封闭轮廓。

1．一阶导数算子

由上面的讨论可知，对边缘的检测可借助空域微分算子通过卷积来完成。实际上数字图像中计算导数是利用差分近似微分来进行的。梯度对应一阶导数，梯度算子是一阶导数算子。对一个连续函数 $f(x,y)$，它在位置 (x,y) 的梯度可表示为一个矢量（两个分量分别是沿 x 和 y 方向的一阶导数），即：

$$\nabla f(x,y) = [G_x G_y]^{\mathrm{T}} = \left[\frac{\partial f}{\partial x} \frac{\partial f}{\partial y}\right]^{\mathrm{T}} \quad\quad（8.40）$$

这个矢量的幅度（也常直接简称为梯度）和方向角分别为：

$$\mathrm{mag}(\nabla f) = \| \nabla f_{(2)} \| = [G_x^2 + G_y^2]^{\frac{1}{2}} \quad\quad（8.41）$$

$$\varphi(x,y) = \arctan(G_y / G_x) \quad\quad（8.42）$$

式中的幅度计算是以 2 范数来计算的，由于涉及平方和开方运算，计算量比较大。在应用中为了计算简便，常采用 1 范数，即：

$$\| \nabla f_{(1)} \| = |G_x| + |G_y| \quad\quad（8.43）$$

或 ∞ 范数，即：

$$\| \nabla f_{(\infty)} \| = \max\{|G_x|, |G_y|\} \quad\quad（8.44）$$

上式中的偏导数需对每个像素位置计算，在实际应用中常用小区域模板卷积来近似计算。对 G_x 和 G_y 各用一个模板，所以需要两个模板组合起来以构成一个梯度算子。

算子运算时采取类似卷积的方式，将模板在图像上移动并在每个位置计算对应中心像素的梯度值，所以对一幅灰度图求梯度所得的结果是一幅梯度图。在边缘灰度值过渡比较尖锐且图像中噪声比较小时，梯度算子工作效果较好。

2. 二阶导数算子

用二阶导数算子检测阶梯状边缘，需将算子与图像卷积并确定过零点。

（1）拉普拉斯算子

拉普拉斯算子是一种常用的二阶导数算子，实际应用中可根据二阶导数算子过零点的性质来确定边缘的位置。对于一个连续函数 $f(x,y)$，它在位置(x,y)的拉普拉斯值定义为：

$$\nabla^2 f = \frac{\partial^2 f}{\partial x^2} + \frac{\partial^2 f}{\partial y^2} \quad\quad（8.45）$$

在图像中，计算函数的拉普拉斯值也可借助各种模板实现。这里对模板的基本要求是对应中心像素的系数应是正的，而对应中心像素、邻近像素的系数应是负的，且它们的和应该是 0。

拉普拉斯算子常产生双像素宽的边缘，而且不能提供边缘方向的信息，因此很少直接用于检测边缘，而主要用于已知边缘像素后确定该像素是在图像的暗区还是明区。

（2）马尔算子

马尔算子是在拉普拉斯算子的基础上实现的。拉普拉斯算子对噪声比较敏感，为了减小噪声影响，可先对待检测图进行平滑再运用拉普拉斯算子。由于在成像时，一个给定像素所对应场景点的周围点对该点的光强贡献呈高斯分布，所以进行平滑的函数可采用高斯加权平滑函数。

马尔边缘检测的思路源于对哺乳动物视觉系统的生物学研究。这种方法对不同分辨率的图像分别处理，在每个分辨率上，都通过二阶导数算子来计算过零点以获得边缘图。这样在每个分辨率上进行如下计算。

① 用一个二维的高斯平滑模板与原图像卷积。

② 计算卷积后图像的拉普拉斯值。

③ 检测拉普拉斯图像中的过零点作为边缘点。高斯加权平滑函数可定义为：

$$h(x,y) = \mathrm{e}\left(-\frac{x^2+y^2}{2\sigma^2}\right) \tag{8.46}$$

式中，σ 是高斯分布的均方差，与平滑程度成正比。这样对原图像 $f(x,y)$ 的平滑结果为：

$$g(x,y) = h(x,y) \otimes f(x,y) \tag{8.47}$$

式中，$\otimes$ 代表卷积。对这样平滑后的图像再运用拉普拉斯算子，如果令 r 是与原点的径向距离，$r^2 = x^2 + y^2$，以对 r 求二阶导数来计算拉普拉斯值可得到：

$$\nabla^2 g = \nabla^2[h(x,y) \otimes f(x,y)] = \nabla^2 h(x,y) \otimes f(x,y) = \left(\frac{r^2-\sigma^2}{\sigma^4}\right)\mathrm{e}\left(-\frac{r^2}{2\sigma^2}\right) \otimes f(x,y)$$

其中

$$\nabla^2 h(x,y) = h''(r) = \left(\frac{r^2-\sigma^2}{\sigma^4}\right)\mathrm{e}\left(-\frac{r^2}{2\sigma^2}\right) \tag{8.48}$$

马尔算子的平均值是 0，如果将它与图像卷积并不会改变图像的整体动态范围。因为 $\nabla^2 h$ 的平滑性质能减小噪声的影响，所以当边缘模糊或噪声较大时，利用 $\nabla^2 h$ 检测过零点能提供较可靠的边缘位置。

（3）坎尼（Canny）算子

一个好的边缘检测算子应具有如下 3 个指标。

① 低失误概率，既要少将真正的边缘丢失，也要少将非边缘判为边缘。

② 高位置精度，检测出的边缘应在真正的边界上。

③ 单像素边缘，即对每个边缘有唯一的响应，得到的边界为单像素宽。考虑到上述 3 个指标，坎尼提出了判定边缘检测算子的 3 个准则：信噪比准则、定位精度准则和单边缘响应准则。

把边缘检测问题转换为检测单位函数极大值的问题来考虑。

① 信噪比准则中信噪比 SNR 定义为：

$$SNR = \frac{\left| \int_{-W}^{+W} G(-x)h(x)\,\mathrm{d}x \right|}{\sigma \sqrt{\int_{-W}^{+W} h^2(x)\,\mathrm{d}x}} \tag{8.49}$$

式中，$G(-x)$ 代表边缘函数；$h(x)$ 代表带宽为 W 的滤波器的脉冲响应；σ 代表高斯噪声的均方差。信噪比越大，提取边缘时的失误概率越低。

② 定位精度准则中边缘定位精度 L 定义为：

$$L = \frac{\left| \int_{-W}^{+W} G'(-x)h'(x)\,\mathrm{d}x \right|}{\sigma \sqrt{\int_{-W}^{+W} h'^2(x)\,\mathrm{d}x}} \tag{8.50}$$

式中，$G'(-x)$ 和 $h'(x)$ 分别代表 $G(x)$ 和 $h(x)$ 的导数。L 越大表明定位精度越高（检测出的边缘在其真正位置上）。

③ 单边缘响应准则中单边缘响应与算子脉冲响应的导数的零交叉点平均距离 $D_{zca}(f')$ 有关。其定义为：

$$D_{zca}(f') = \pi \left\{ \frac{\int_{-\infty}^{+\infty} h''(x)\,\mathrm{d}x}{\int_{-W}^{+W} h'(x)\,\mathrm{d}x} \right\}^{\frac{1}{2}} \tag{8.51}$$

式中，$h''(x)$ 代表 $h(x)$ 的二阶导数。如果上式满足，则对每个边缘可以有唯一的响应，得到的边界为单像素宽。满足上面 3 个准则的算子称为坎尼算子。

3. 边界闭合

在有噪声时，用各种算子检测到的边缘像素常常是孤立的或分小段连续的。为组成区域的封闭边界以将不同区域分开，需要将边缘像素连接起来。边缘像素连接的基础是它们之间有一定的相似性。

前述的各种边缘检测算子都是并行工作的，如果边界闭合也能并行完成，则分割基本上可以并行实现。

用梯度算子对图像进行处理，可得到像素梯度如下两方面的信息。

（1）梯度的幅度。

（2）梯度的方向。

根据边缘像素梯度在这两方面的相似性可把它们连接起来。

具体说来，如果像素 (s,t) 在像素 (x,y) 的邻域且它们的梯度幅度和梯度方向分别满足以下两个条件（其中 T 是幅度阈值，A 是角度阈值）：

$$\left|\nabla f(x,y)-\nabla f(s,t)\right|\leqslant T \tag{8.52}$$

$$\left|\varphi(x,y)-\varphi(s,t)\right|\leqslant A \tag{8.53}$$

就可将像素(s,t)与像素(x,y)连接起来。如果对所有边缘像素都进行这样的判断和连接就有希望得到闭合的边界。对方向检测算子，边缘的方向是其输出之一，检测出边缘方向的模板的输出值也给出了边缘沿该方向的边缘值。

8.2.2　图像分割

图像分割是由图像处理过渡到图像分析的关键步骤，它指把图像分成各具特性的区域并提取出感兴趣目标的技术和过程。

1. 图像分割定义

借助集合概念来正式定义：令集合R代表整个图像区域，对R的分割可看作将R分成若干个满足以下 5 个条件的非空子集（子区域）$R_1, R_2, \cdots, R_n$（其中$P(R_i)$代表所有在集合R_i中元素的某种性质，$\varnothing$是空集）。

（1）$\cup_{i=1}^{n} R_i = R$。

（2）对所有的i和$j(i \neq j)$，有$R_i \cap R_j = \varnothing$。

（3）对$i=1,2,\cdots,n$，有$P(R_i)=T$。

（4）对$i \neq j$，有$P(R_i \cup R_j)=F$。

（5）对$i=1,2,\cdots,n$，R_i是连通的区域。

上述条件（1）指出分割所得到的全部子区域的总和（并集）应能包括图像中所有像素，或者说分割应将图像中的每个像素都分进某个子区域中。条件（2）指出各个子区域是互相不重叠的，或者说一个像素不能同时属于两个子区域。条件（3）指出在分割后得到的属于同一个区域中的像素应该具有某些相同特性。条件（4）指出在分割后得到的属于不同区域中的像素应该具有一些不同的特性。条件（5）要求同一个子区域内的像素应当是连通的(自然图像常满足这个条件)。对图像的分割总是根据一些分割的准则进行的。条件（1）与（2）说明分割准则应可适用于所有区域和所有像素，而条件（3）与（4）说明分割准则应能帮助确定各区域像素有代表性的特性。

2. 图像分割技术分类

根据以上定义和讨论，可考虑按如下方法对分割技术和算法进行分类。这里以灰度图像为例讨论，但其基本思路对其他类图像也适用。

首先，对灰度图像的分割常可基于像素灰度值的 2 个性质：不连续性和相似性。区域内部的像素一般具有灰度相似性（即同一个区域内的像素灰度比较接近），而在区域之间的边界上一般具有灰度不连续性（即相邻两区域交界处的像素灰度有跳跃）。所以分割算法可据此分为利用区域间灰度不连续性的基于边界的算法和利用区域内灰度相似性的基于区域的算法。

其次，根据分割过程中处理策略的不同，分割算法又可分为并行算法和串行算法。在并行算法中，所有判断和决策都可独立地、同时地做出；而在串行算法中，早期处理的结果可被其后的处理过程所利用。一般串行算法所需计算时间常比并行算法的要长，但抗噪声能力也常较强。

上述这两个准则互不重合又互为补充，所以分割算法可根据这两个准则分成 4 类：

（1）并行边界类；

（2）串行边界类；

（3）并行区域类；

（4）串行区域类。

8.2.3 典型图像分割算法

1. SegNet

SegNet 的核心主要包括一个编码网络和一个与之对应的解码网络。SegNet 沿用了 FCN 图像语义分割的思想，并且该网络是基于像素级别的端到端的网络架构。SegNet 将 VGG-16 中的全连接层去掉，将编码器（encoder）信息和解码器（decoder）信息直接连接，编码网络和解码网络作为整个网络结构的核心部分，其优点是保留了图像中的大量有用的特征信息，使得实验过程中需要训练的参数大大减少，缩减了实验数据的训练时间，最重要的是得到了相对较高精度的语义分割图像。

SegNet 的结构如图 8.5 所示，SegNet 的结构主要包括卷积层、批规范化层、激活函数（ReLU）以及池化层。

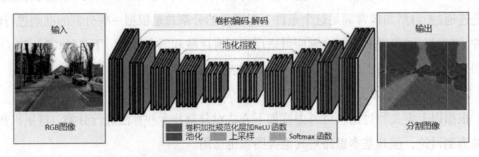

图 8.5　SegNet 的结构（图片来源：Vijay Badrinarayanan）

SegNet 有编码网络和相对应的解码网络，其后是最终的像素级分类层。从图 8.5 中可以看到 SegNet 是一个对称的网络模型，由中间池化层与上采样层作为分割，左边通过卷积提取高维特征，并通过池化使图片变小，SegNet 作者称之为编码网络；右边是解码网络与上采样，通过解码网络使得图像分类后特征得以重现，通过上采样使图像变大，最后通过 Softmax 函数，输出不同分类器的最大值。

SegNet 的基本工作原理如下。

① 输入图像被送入 SegNet 的编码器中，其中包括卷积层、池化层和正则化层等，用于从原始图像中提取特征。

② 编码器将特征图发送到解码器中，解码器与编码器相反，包括上采样层、反卷积层和非线性层等，用于恢复分辨率并将特征映射回原始图像大小。

③ 解码器输出像素级别的分割结果，其中每个像素被分配一个语义标签。

④ 最终输出的分割结果可以与真实标签进行比较，并计算出模型的损失值，用于优化网络参数。

通过卷积运算，使图像中有用的特征信息更加突出，而忽略及削减图像中次要的信息，达到抑制噪声的目的。连接在卷积层之后的称为池化层，一般来说，池化层中特征图的个数和卷积层中特征图的个数是保持一致的，两者之间是一一对应的关系。其中最大池化、均值池化、随机池化以及金字塔池化等是目前常用的池化方法。解码网络使用最大池化层的池化索引进行非线性上采样，上采样得到的稀疏图与可训练的滤波器进行卷积后可得到致密的特征图。

在 SegNet 的训练过程中，由于线性表达无法满足样本的多样性，以及实验过程中的复杂分类识别任务和训练数据集过大等原因，通常采用 ReLU 函数进行拟合。

当输出信号大于 0 时，输出等于输入；当输出信号小于等于 0 时，输出等于 0。批规范化层一般用于激活函数之前，最主要的作用是使学习的速度加快。

2. U-Net

（1）U-Net 概念

U-Net 模型是一个没有全连接层的 FCN，为 U 型对称的编码器-解码器结构，由卷积层、最大池化层、反卷积层以及 ReLU 非线性激活函数组成，其输入和输出均为相同分辨率的图像。它沿用了 FCN 进行图像语义分割的思想，可以利用少量的数据学习到一个对边缘提取具有十分良好的健壮性的模型，即利用卷积层、最大池化层进行特征提取，再利用反卷积层还原图像尺寸。而且 U 型结构的设计，可以使裁剪和拼接过程更加直观、合理；高层特征图与底层特征图的拼接以及卷积的反复、连续操作，使得模型能够从上下文信息和细节信息的组合中得到更加精确的输出特征图。

U-Net 的两个优点如下

① 输出结果可以定位出目标类别的位置。

② 用滑动窗口提供像素的周围区域作为训练数据的输入，这样就相当于进行了数据增广，解决了图像数量少的问题。

但是，U-Net 也有两个缺点，具体如下。

① 正是由于将滑动窗口提供像素的周围区域作为训练数据的输入，所以在进行训练时，网络必须训练每个用滑动窗口提供的像素周围区域，区域间的重叠会造成训练时间延长。

② 定位准确性和获取上下文信息不可兼得。大的滑动区域需要更多的最大池化层，会降低定位准确性，小的滑动区域只能看到很小的局部信息，包含的背景信息不够。

3. DeepLab

DeepLab 系列是针对语义分割任务提出的深度学习系统。DeepLab 系列包括 DeepLabv1、DeepLabv2、DeepLabv3 及 DeepLabv3+。

（1）DeepLabv1

对于语义分割任务，深度卷积神经网络（deep convolutional neural network，DCNN）存在如下两个问题。

① 最大池化和下采样操作压缩了图像分辨率。一般语义分割通过将网络的全连接层改为卷积层，获取得分图（或称为概率图、热图），然后通过上采样、反卷积等操作将其还原至与输入图像同样大小。如果压缩太厉害，还原后分辨率就会比较低，因此我们希望获得更为稠密或尺寸更大的得分图。

② 对空间变换的不变性限制了模型的精度，网络丢失了很多细节，获得的得分图会比较模糊，我们希望获得更多的细节。

DeepLabv1 提出使用空洞算法和全连接条件随机场（conditional random field，CRF）分别解决这两个问题。DeepLabv1 方法分为两步走，第一步仍然采用了 DCNN 得到得分图并插值到原图像大小，然后第二步借用全连接 CRF 对从 FCN 得到的分割结果进行细节上的调整。

首先，输入图像通过网络中的空洞卷积（atrous convolution）。然后，对网络的输出图和得分图进行双线性插值（bi-linear interpolation），上采样 8 倍得到原图大小，通过全连接 CRF 来微调结果并获得最终输出。

① 空洞卷积。

"atrous" 这个词其实来自法语 "àtrous"，意为洞，故也被称为 "空洞卷积"。空洞卷积的表达式为：

$$y[i] = \sum_{K=1}^{K} X[i + rk]W[k] \qquad (8.54)$$

式中，当 $r=1$ 时，它是我们通常使用的标准卷积；当 $r>1$ 时，它是一个带孔的卷积。r 是在卷积过程中对输入样本进行采样的步幅。

② 全连接 CRF。

DeepLabv1 使用全连接 CRF 以及多尺度预测恢复像素边界信息，DCNN 的输出能可靠地输出物体的大概位置，但是不能输出准确位置和精确的轮廓。在使用卷积神经网络进行分类和定位任务准确度之间存在一些妥协的地方，主要原因是最大池化导致推断的位置发生变化。

目前研究工作主要有两种解决方法。

① 使用卷积神经网络多层特征图融合来加强边界的估计。

② 使用超像素分割的方法。而 DeepLabv1 提出了一种新的方法，就是简单地将 DCNN 与全连接 CRF 组合，DCNN 用于像素的分类与确定大概像素边界，全连接 CRF 用于后处理，恢复精确的物体像素边界。

（2）DeepLabv2

DeepLabv2 是在 DeepLabv1 基础上的优化版本。DeepLabv1 努力解决特征分辨率的降低、物体存在多尺度、DCNN 的平移不变性这 3 个方面的问题，但是问题依然存在。因 DCNN 连续池化和下采样造成特征分辨率降低，DeepLabv2 在最后几个最大池化层中去除下采样，取而代之的是空洞卷积，以更高的采样密度计算特征映射。对于物体存在多尺度的问题，DeepLabv1 中用多个感知机结合多尺度特征解决，虽然可以提供系统的性能，但是增加了特征计算量和存储空间。DeepLabv2 受到空间金字塔池化（spatial pyramid pooling，SPP）的启发，提出了一个类似的结构，在给定的输入上进行不同采样率的空洞卷积并采样，相当于以多个比例捕捉图像的上下文，称为带孔的空间金字塔池化（atrous spatial pyramid pooling，ASPP）模块。

ASPP 实际上是 SPP 的一个版本，在 ASPP 中，输入特征映射应用不同速率的并行空洞卷积，并将它们融合在一起。由于同一类物体在图像中可能有不同的比例，ASPP 有助于考虑不同的物体比例，这可以提高准确性。因为 DCNN 的分类不变性影响空间精度调节的能力。

（3）DeepLabv3

空洞卷积是一个可以调整滤波器视野、控制卷积神经网络计算的特征响应分辨率的强大工具。DeepLab 延续到 DeepLabv3 系列，依然是在空洞卷积上"做文章"，但是探讨不同结构的方向。为了解决多尺度下的目标分割问题，DeepLabv3 的论文中设计了空洞卷积级联或不同采样率空洞卷积并行架构。此外，DeepLabv3 的论文中也强调了 ASPP 模块，该模块可以获取多个尺度上的卷积特征，进一步提升性能。DeepLabv3 的论文中比较了多种捕获多尺度信息的方式。

① Image Pyramid（图像金字塔）：将输入图片缩放成不同比例，分别应用在 DCNN 上，将预测结果融合得到最终输出。

② Encoder-Decoder（编码器-解码器）：将编码阶段的多尺度特征运用到解码阶段，以恢复空间分辨率。

③ Deeper w. Atrous Convolution（带空洞卷积的深层网络）：在原始模型的顶端增加额外的模块。

④ Spatial Pyramid Pooling（空间金字塔池化）：SPP 具有不同采样率和多种视野的卷积核，能够以多尺度捕捉对象。

DeepLabv1 和 DeepLabv2 都是使用空洞卷积提取密集特征来进行语义分割的。为了解决分割对象的多尺度问题，DeepLabv3 设计采用多比例的空洞卷积级联或并行来捕获多尺度背景。

（4）DeepLabv3+

DeepLabv3+是谷歌于 2018 年开发的一种用于语义分割的典型网络框架。网络模型使用编码器-解码器结构。针对 DeepLabv3 池化和带步长卷积会造成一些物体边界细节信息的丢失问题，DeepLabv3+在 V3 模型基础上进行改进，将 DeepLabv3 作为网络的编码器，并在此基础上增加了解码器模块用于恢复目标边界细节。编码器由骨干网络 ResNet-101 和 ASPP 模块组成，ResNet-101 提取图像特征生成高级语义特征图，ASPP 模块利用 ResNet-101 得到的高级语义特征图采用不同空洞率进行多尺度采样，生成多尺度的特征图，再通过 1×1 卷积进行通道压缩。解码器部分对编码器的输出进行上采样，并与前半层的输出特征图融合，最终实现图像语义分割。

8.3　图像目标检测

计算机视觉中有以下几个常见的基础任务。

（1）分类（classification）解决"是什么"的问题，即给定一张图片或一段视频，判断里面包含什么类别的目标。

（2）定位（location）解决"在哪里"的问题，即找出这个目标的位置。

（3）检测（detection）解决"是什么、在哪里"的问题，即找出这个目标的位置并且知道目标物是什么。

（4）分割（segmentation）分为实例分割和场景分割，解决"每一个像素属于哪个目标物或场景"的问题。

8.3.1 图像分类

图像分类可以用于自动判断图像中是否存在特定的感兴趣的对象，这是计算机视觉的基础和核心任务。在图像分类任务中，通常图像只有一个对象且对象较大，占据了大部分面积，分类任务需要给出对象的类别。现介绍两种用于分类的深度学习模型——VGGNet 和 AlexNet。

1. VGGNet

VGGNet 是由牛津大学视觉几何小组（visual geometry group，VGG）提出的一种深层卷积网络结构，是首批把图像分类的错误率降低到 10% 以内的模型。

（1）模型结构

VGGNet 采用了 5 组卷积与 3 个全连接层，最后使用 Softmax 进行分类。VGGNet 有一个显著的特点：每次经过池化层后特征图的尺寸减小一半，而通道数则增加一倍（最后一个池化层除外）。

（2）VGGNet 模型特点

① 整个网络都使用了同样大小的卷积核尺寸（3×3）和最大池化尺寸（2×2）。

② 1×1 的卷积层的意义主要在于线性变换，而输入通道数和输出通道数不变，没有发生降维。

③ 两个 3×3 的卷积层串联相当于一个 5×5 的卷积层，感受野大小为 5×5。同样，3 个 3×3 的卷积层串联的效果则相当于一个 7×7 的卷积层。这样的连接方式使网络参数量更小，而且多层的激活函数令网络对特征的学习能力更强。

④ VGGNet 在训练时有一个小技巧，先训练浅层的简单网络 VGG-11，再复用 VGG-11 的权重来初始化 VGG-13，如此反复训练并初始化 VGG-19，能够使训练时收敛的速度更快。

⑤ 在训练过程中使用多尺度的变换对原始数据进行数据增强，使得模型不易过拟合。

2. AlexNet

（1）模型结构

AlexNet 除去池化层和局部响应规范化（local response normalization，LRN）操作，

一共包含 8 层，前 5 层为卷积层，而剩下的 3 层为全连接层。网络结构分为上下两层，分别对应两个 GPU 的操作过程，除了中间某些层（C_3 卷积层和 $F_6 \sim F_8$ 全连接层会有 GPU 间的交互），其他层两个 GPU 分别计算结果。最后一层全连接层的输出作为 Softmax 的输入，得到图像分类标签对应的概率值。

（2）AlexNet 模型特性总结如下。

① 所有卷积层都使用 ReLU 作为非线性映射函数，使模型收敛速度更快。

② 在多个 GPU 上进行模型的训练，不但可以提高模型的训练速度，还能提升数据的使用规模。

③ 使用 LRN（local response normalization，局部响应归一化）对局部的特征进行批规范化，结果作为 ReLU 激活函数的输入能有效降低错误率。

④ 重叠最大池化（overlapping max pooling），即池化范围 z 与步长 s 存在关系 $z>s$（如 S_{max} 中核尺度为 3×3/2），避免平均池化的平均效应。

⑤ 使用随机丢弃技术选择性地忽略训练中的单个神经元，避免模型的过拟合。

（3）AlexNet 关键的技术创新点

① 采用 ReLU 作为激活函数：ReLU 和 Sigmoid 不同，该函数是非饱和函数，在亚历克斯（Alex）和欣顿（Hinton）的论文中验证其效果在较深的网络超过了 Sigmoid，成功地解决了 Sigmoid 在网络较深时的梯度弥散问题。

② 使用丢弃层避免模型出现过拟合：在训练时使用丢弃层随机忽略一部分神经元，以避免模型过拟合。AlexNet 在最后几个全连接层中使用了丢弃层，这个并没有得到充分论证，但是在实际的训练过程中取得了不错的效果。

③ 全部采用最大池化：AlexNet 之前的传统 DCNN 都会采用平均池化，而 AlexNet 中的所有池化层都采用了最大池化而非平均池化，在实际使用中的效果比传统的平均池化要好。

④ 提出 LRN 层：LRN 层是由 AlexNet 提出的一种新层，也是 AlexNet 最大的创新。

⑤ 实现数据增强：随机从 256×256 的原始图像中截取 224×224 大小的区域（以及水平翻转的镜像），相当于增强了(256−224)×(256−224)×2=2048 倍的数据量。原始图像在使用数据增强后，减轻了过拟合，提升了泛化能力。

8.3.2 目标定位

1. 目标定位概念

目标定位任务和分类任务十分相似，图像中也是只有一个较大的对象，但需要给出其类别和位置。表示物体的位置，目前主流的做法是用一个水平矩形框包围物体，矩形框要能完全包围物体且面积最小，即要求矩形框尽可能接近物体边界，该矩形框称为边界框（bounding box），所以只要确定了边界框的位置就相当于定位了物体。在图像的二维平面上，描述边界框需要 4 个参数，常用的方式是给出边界框的中心坐标(b_x,b_y)和高度、宽度(b_h,b_w)，这 4 个参数$[b_x,b_y,b_h,b_w]$合称为边界框矢量。为了便于网络学习，这 4 个参数取值需为 0～1，所以需要对图像坐标进行批规范化，即定义图像左上角像素坐标为$(0,0)$，右下角像素坐标为$(1,1)$。

图像分类任务是通过端到端学习的，输入图像到多层卷积网络，网络输出分值矢量，最后由 Softmax 层预测图像类别。目标定位的核心思想是端到端学习和多任务学习。目标定位的网络结构和分类网络完全一样，都是多层卷积层加全连接层，只是最后全连接层的输出矢量不仅包含 C 个（类别数目）分值矢量，还需加上 5 个元素$[p_o,b_x,b_y,b_h,b_w]$。

2. 图像配准

将同一场景的两幅或多幅图像进行配准。一般来说，我们以基准图像为参照，并通过一些基准点（fiducial point）找到适当的空间变换关系 s 和 t，对输入图像进行相应的几何变换，从而实现它与基准图像在这些基准点位置上的对齐。

3. 图像配准定位算法

图像配准定位算法的具体流程主要包括：图像裁剪、特征点检测、尺度不变特征变换（scale invariant feature transform，SIFT）特征描述、特征匹配、计算图像变换模型、目标定位 6 个步骤。

（1）图像裁剪：对待配准图像进行小波变换，进行适当层级的分解降低特征搜索空间，提高配准算法的实时性，降低数据量和计算量。之后分别在基准图像和进行过小波处理的配准图像中，以目标为中心截取相同尺寸的局部区域图像作为新的基准图像和待配准图像。

（2）特征点检测：利用基于侧抑制竞争的特征点检测算法分别检测新的基准图像和待配准图像中的亮特征点和暗特征点。

（3）SIFT 特征描述：利用性能良好的 SIFT 特征描述符描述图像中的点特征，点特征的主方向设为 0°。

（4）特征匹配：采用最近邻特征匹配策略，分别匹配两幅图像中的亮特征点和暗特征点，再合并得到的两个匹配点对集，得到新的匹配点对集。

（5）计算图像变换模型：利用最小二乘法计算出两幅新的配准图像之间的投影变换模型。

（6）目标定位：利用投影变换模型计算出目标在基准图像中的位置，进而得到目标的真实位置。

8.3.3 目标检测

目标检测（object detection）的任务是找出图像中所有感兴趣的目标（物体），确定它们的类别和位置，这是计算机视觉领域的核心问题。其核心思想就是多任务学习，即把每个对象的检测任务看成一个目标定位任务，同时完成多个目标定位任务。由于各类物体有不同的外观、形状和姿态，加上成像时光照、遮挡等因素的干扰，目标检测一直是计算机视觉领域最具有挑战性的问题之一。

传统目标检测模型主要分为信息区域选择、特征提取和分类 3 个阶段。

（1）信息区域选择。由于不同的目标可能出现在图像的任何位置，并且具有不同的长宽比或大小，使用多尺度滑动窗口扫描整幅图像是很自然的选择。虽然这种穷举策略可以找出目标的所有可能位置，但其缺点也很明显。由于有大量的候选窗口，因此计算成本很高，并且会产生太多的冗余窗口。然而，如果只应用固定数量的滑动窗口模板，可能会产生不满意的区域。

（2）特征提取。为了识别不同的目标，需要提取视觉特征，以提供语义和健壮性的表示。其中，SIFT、方向梯度直方图（histogram of oriented gradient，HOG）和哈尔特征（Haar-like features）特征具有代表性。这是由于这些特征可以产生与人脑中复杂细胞相关的表征。但是，由于外观、光照条件和背景的多样性，手动设计一个健壮的特征描述符来完美地描述各种目标是很困难的。

（3）分类。需要一个分类器将目标对象从所有类别中区分出来，使表示形式更具层次性、语义性和信息性，以便于视觉识别。通常 SVM、AdaBoost 和基于变形部件的模型（deformable part-based model，DPM）是较好的选择。在这些分类器中，DPM 是一种灵活的模型，它将目标部分和变形成本结合起来处理严重变形。在 DPM 中，借助图形模型，将精心设计的底层特征和运动学启发下的零件分解结合起来。图形模型的鉴别学习允许为各种目标类构建高精度的基于部件的模型。

1. 目标检测要解决的核心问题

图像分类要区分图像所属的类别，每幅图像都是有所属标签的，希望达到给出一幅图像，就能得出这幅图像的类别的效果。目标检测不但要识别出图像里的元素，还要用矩形框把目标框出来，并且一幅图像里往往不止一个目标。因此，在图像分类的基础上，目标检测还面临以下挑战：

（1）目标可能出现在图像的任何位置。

（2）目标可能有各种不同的大小。

（3）目标可能有各种不同的形状。

2. 目标检测的算法分类

基于深度学习的目标检测算法主要分为两类。

（1）two-stage 目标检测算法主要思路：先进行候选区域（region proposal，RP）生成，再通过卷积神经网络进行样本分类。任务路线：特征提取→生成目标候选区域→分类/定位回归。

（2）one-stage 目标检测算法主要思路：不用进行候选区域生成，直接在网络中提取特征来预测物体分类和位置。任务路线：特征提取→分类/定位回归。

8.3.4 图像融合

1. 图像融合概念

图像融合是综合两幅或多幅图像的信息，以获得对同一场景更为准确、更为全面、更为可靠的图像描述，按照处理层次由低到高一般可分为 3 级：像素级图像融合、特征级图像融合和决策级图像融合。它们有各自的优缺点，在实际应用中根据具体需求来选择。但是，像素级图像融合是最基本、最重要的图像融合方法之一，它是最低层次的融合，也是后两级融合处理的基础。像素级图像融合方法大致可分 3 类，分别是简单的图像融合方法、基于塔形分解的图像融合方法和基于小波变换的图像融合方法。

2. 图像融合方法

一个图像进行 L 层小波分解，将得到 $(3L+1)$ 层子带，其中包括低频的基带 C_j 和 $3L$ 层的高频子带 D^h、D^v 和 D^d。用 $f(x,y)$ 代表原图像，记为 C_0，设尺度系数 $\phi(x)$ 和小波系数 $\varphi(x)$ 对应的滤波器系数矩阵分别为 H 和 G，则二维小波分解算法可描述为：

$$\begin{cases} C_{j+1} = HC_jH' \\ D^h_{j+1} = GC_jH' \\ D^v_{j+1} = HC_jG' \\ D^d_{j+1} = GC_jG' \end{cases} \tag{8.55}$$

式中，j 表示分解层数，h、v、d 分别表示水平、垂直、对角分量，H' 和 G' 分别是 H 和 G 的共轭转置矩阵。

基于二维离散小波变换的融合过程如下（其中 ImageA 和 ImageB 代表两幅原图像，ImageF 代表融合后的图像）。

（1）图像的预处理。

图像滤波：对失真变质的图像直接进行融合必然导致图像噪声融入融合效果，所以在进行融合前，必须对原始图像进行预处理以消除噪声。

图像配准：多种成像模式或多焦距提供的信息常常具有互补性，为了综合使用多种成像模式和多焦距以提供更全面的信息，常常需要将有效信息进行融合，使多幅图像在空域中达到几何位置的完全对应。

（2）对 ImageA 和 ImageB 进行二维离散小波变换分解，得到图像的低频和高频分量。

（3）根据低频和高频分量的特点，按照各自的融合算法进行融合。

（4）对以上得到的高低频分量，经过小波逆变换重构得到融合图像 ImageF。

8.4 图 像 理 解

8.4.1 基于图像的情感计算

基于图像的情感计算是指计算机从图像中分析并提取情感特征，使用模式识别与机器学习的方法对其执行计算，进而理解人的情感。根据情感的描述方式，图像情感计算可以分为三大任务：情感分类、情感回归和情感图像检索。

一个图像情感计算系统通常包括如下 3 部分。

1. 图像预处理

由于输入图像在尺寸、光照、颜色空间等方面存在很大的差异，在进行特征提取之前往往需要进行预处理。比如，把图像尺寸调整到统一大小，把颜色空间转换到同一空间等。在图像情感计算过程中，预处理虽然不是一个专门的研究热点，却会对算法的性能产生很大的影响。

2. 情感特征提取与选择

特征提取与选择是图像情感计算系统的重要组成部分，直接决定了算法最终的性能。该步骤的主要任务是提取或者选择一些特征，并且使得其在类内具有很大的相似性而在类间具有很大的差异性。一般而言，用于图像情感计算的特征可以分为底层特征、中层特征和高层特征。

3. 模型设计

模型设计是指根据图像情感计算的任务来设计合适的模型，并以提取的特征作为输入，通过学习的方法来获得相应的输出。情感分类是一个多分类问题，可以直接采用多分类器，或者将其转换成多个二值分类问题。情感回归是一个回归问题，研究针对的是维度情感模型。情感图像检索对应的是如下检索问题，即给定输入图像，查找与之表达相似情感的图像。针对不同问题，可以采用的学习模型也将各有不同。

图像情感分类一般可建模为标准的模式分类问题，常用的分类器都可以用来解决此问题。根据建模过程，其中的有监督学习可以分为生成式学习和判别式学习。相应地，判别式学习就是直接对给定特征条件下标签的条件概率进行建模，或者直接学习一个从特征到标签的映射，如逻辑斯谛回归和 SVM 等。生成式学习则分别对类别先验和似然进行建模，而后再利用贝叶斯法则来计算后验概率，如高斯判别分析和朴素贝叶斯。当处理多分类问题时常规策略有"一对一"分类和"一对多"分类。多分类器可用来实施图像情感的分类，其中使用较多的主要有朴素贝叶斯、逻辑斯谛回归、SVM 和稀疏表示等。

一般情况下，图像情感回归建模为标准的回归预测问题，即使用回归器对维度情感模型中各个维度的情感值进行估计。常用的回归模型有线性回归、SVR 和流形核回归（manifold kernel regression）等。

8.4.2　图像异常行为分析

目前人体行为识别领域大多从原始视频帧中直接提取相关特征，并利用 DCNN 模型进行识别。基于人体关键点的行为分析在安防监控、人体追踪、行为检测、步态识别等领域起着重要作用，该技术可广泛应用于机场、高铁站等大型公共场所，实现可疑目标异常行为的自动识别。

1. 基于 YOLOv3 的人体目标识别

YOLOv3 的网络结构分为骨干网络（Darknet-53）和检测网络。骨干网络由 52 个卷积层组成，并输出 13×13、26×26 及 52×52 这 3 种尺度的特征，送入检测网络。检测网络对 3 种尺度的特征回归，预测出多个预测框，并使用非极大值抑制（non-maximum suppression，NMS）算法去除交并比（intersection over union，IOU）较大与置信度较低的预测框，保留置信度较高的预测框为目标检测框。

YOLOv3 模型在 416×416 分辨率下，对人体目标的识别精度和识别速度都远超其他网络模型，具备较高的准确率和良好的实时性。

2. 基于 Horn-Schunck 稠密光流法的目标

Horn-Schunck 稠密光流法的目标是计算图像中物体的运动方向和速度。该方法基于光流场的概念，通过假设光流在整个图像区域内是连续且平滑的，利用光流方程建立了一个稠密约束方程组。通过解决这个方程组，可以获得图像中每个像素的光流矢量，从而推断出物体的运动情况。

Horn-Schunck 稠密光流法在计算光流时考虑了图像亮度的一致性，并通过最小化光流场的梯度来平滑光流。这种方法适用于静态背景下运动相对缓慢的物体的跟踪，对于光照变化和弱纹理的图像也具有一定的健壮性。

通过 Horn-Schunck 稠密光流法，可以提取出物体的运动信息，进而应用于运动分析、目标跟踪、视频压缩等领域。然而，由于其对光流的平滑假设，当图像中存在幅度较大的运动或快速运动时，可能会导致光流估计得不准确。因此，在实际应用中，需要根据具体场景和需求选择合适的光流法来提取出准确的运动信息。

3. 基于 CPM 的关键点检测

卷积姿态机（convolutional pose machine，CPM），是目前最先进的 2D 人体姿态估计算法。CPM 是一种 FCN 结合 VGGNet 的神经网络。CPM 通过热力图识别人体关键点，并实现人体关键点的跟踪。该算法将深度学习应用于人体姿态分析，通过多层卷积神经网络来识别人体关键点。

8.5 小　结

灰度直方图校正、图像噪声处理、图像增强、图像平滑、图像锐化等图像预处理技术是图像处理的基础技术。图像分割和边缘检测技术是图像处理中常用的技术，图像目标检测技术中的分类、定位、检测及融合等技术是图像处理目前主要应用的技术，基于图像的情感计算、图像异常行为分析等技术是图像处理未来发展的技术方向。

图像处理拓展阅读

思 考 题

8.1　简述图像分类的常用算法。

8.2　简述目标检测的常用框架模型。

8.3　简述图像分割的常用算法。

8.4　一幅图像背景均值为 10、方差为 400，在背景上有一些不重叠的均值为 150、方差为 300 的小目标，设所有目标合起来占图像总面积的 20%，计算最优的分割阈值。

第9章
智能计算

受自然界和生物界规律的启迪，人们根据自然界与生物界规律模仿设计了许多求解问题的算法，包括模糊逻辑、遗传算法、模拟退火算法、人工神经网络、DNA（deoxyribonucleic acid，脱氧核糖核酸）计算、禁忌搜索算法、免疫算法、膜计算、量子计算、粒子群优化算法、蚁群算法、人工蜂群算法、人工鱼群算法以及细菌群体优化算法等，这些算法称为智能计算，也称为计算智能（computational intelligence，CI）。智能优化方法是一类基于智能算法和优化技术的方法，用于解决复杂问题的最优化或近似最优化。智能优化是一种典型的元启发式随机优化方法，是21世纪有关智能计算中的重要技术之一。

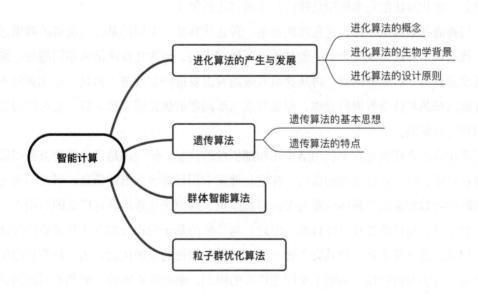

9.1 进化算法的产生与发展

9.1.1 进化算法的概念

进化算法（evolutionary algorithm，EA）是基于自然选择和自然遗传等生物进化机制的一种搜索算法。进化算法是以达尔文的进化论思想为基础，通过模拟生物进化过程与机制来求解问题的自组织、自适应的人工智能技术，是一类借鉴生物界自然选择和自然遗传机制的随机搜索算法。这种算法本质上从不同的角度对达尔文的进化原理进行了不同的运用和阐述，非常适用于处理传统搜索方法难以解决的复杂和非线性优化问题。生物进化是通过繁殖、变异、竞争和选择实现的，而进化算法则主要通过选择、重组和变异这 3 种操作实现优化问题的求解。

进化算法是一个"算法簇"，包括遗传算法（genetic algorithm, GA）、遗传规划（genetic programming）、进化策略（evolution strategy，ES）和进化规划（evolution programming）等。尽管它有很多的变化，有不同的遗传基因表达方式、不同的交叉和变异算子、不同的特殊算子的引用，以及不同的再生和选择方法，但它们产生的灵感都来自大自然的生物进化。进化算法的基本框架是遗传算法所描述的框架。

与普通搜索算法一样，进化算法也是一种迭代算法。不同的是在最优解的搜索过程中，普通搜索算法是从某个单一的初始点开始搜索的，而进化算法是从原问题的一组解出发改进到另一组较好的解，再从这组改进的解出发进一步改进。而且，进化算法不是直接对问题的具体参数进行处理，而是要求当原问题的优化模型建立后，还必须对原问题的解进行编码。

进化算法在搜索过程中利用结构化和随机性的信息，使最满足目标的决策获得最大的生存可能，是一种概率型的算法。在进化搜索中用目标函数值的信息，可以不必用目标函数的导数信息或与具体问题有关的特殊知识，因而进化算法具有广泛的应用性、高度的非线性、易修改性和可并行性。因此，与传统的基于微积分的方法和穷举法等优化算法相比，进化算法是一种具有高健壮性和广泛应用性的全局优化方法，具有自组织、自适应、自学习的特性，能够不受问题性质的限制，能适应不同的环境和不同的问题，有效地处理传统优化算法难以解决的大规模复杂优化问题。

9.1.2 进化算法的生物学背景

进化算法类似于生物进化,需要经过长时间的成长演化,最后收敛到最优化问题的一个或者多个解。因此,了解一些生物进化过程,有助于理解遗传算法的工作过程。

"适者生存"揭示了大自然生物进化过程中的一个规律:比较适合自然环境的群体往往产生了更大的后代群体。生物进化的基本过程如图 9.1 所示。

生物遗传物质的主要载体是染色体(chromosome),DNA 是其中最主要的遗传物质。染色体中基因的位置称作基因座,而基因所取的值又叫作等位基因。基因和基因座决定了染色体的特征,也决定了生物个体(individual)的性状,如头发的颜色是黑色、棕色或者金黄色等。

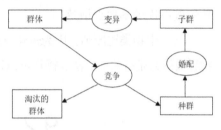

图 9.1 生物进化的基本过程

以一个初始生物群体(population)为起点,经过竞争后,一部分群体被淘汰而无法再进入这个循环圈,而另一部分则成为种群。竞争过程遵循生物进化中"适者生存,优胜劣汰"的基本规律,所以都有一个竞争标准,或者生物适应环境的评价标准。适应程度高的并不一定进入种群,只是进入种群的可能性比较大。而适应程度低的并不一定被淘汰,只是进入种群的可能性比较小。这一重要特性保证了种群的多样性。

生物进化中种群经过婚配产生子代群体(简称子群)。在进化的过程中,可能会因为变异而产生新的个体。每个基因编码了生物机体的某种特征,如头发的颜色、耳朵的形状等。综合变异的作用使子群成长为新的群体而取代旧群体。在新的一个循环过程中,新的群体代替旧的群体而成为循环的开始。

9.1.3 进化算法的设计原则

一般来说,进化算法的求解包括以下几个步骤:给定一组初始解;评价当前这组解的性能;从当前这组解中选择一定数量的解作为迭代后的解的基础;再对其进行操作,得到迭代后的解;若这些解满足要求则停止,否则将这些迭代得到的解作为当前解重新操作。

进化算法的基本设计原则如下。

(1)适用性原则:一个算法的适用性是指该算法所能适用的问题种类,它取决于算法所需限制与假定。优化的问题不同,则相应的处理方式也不同。

(2)可靠性原则:一个算法的可靠性是指算法对于所设计的问题,以适当的精度求解其中大多数问题的能力。因为演化计算的结果带有一定的随机性和不确定性,所以在设计算法时应尽量经过较大样本的检验，以确认算法是否具有较高的可靠性。

（3）收敛性原则：指算法能否收敛到全局最优。在收敛的前提下，希望算法具有较快的收敛速度。

（4）稳定性原则：指算法对其控制参数及问题的数据的敏感度。如果算法对其控制参数或问题的数据十分敏感，则依据它们取值的不同，将可能产生不同的结果，甚至过早地收敛到某一局部最优解。所以，在设计算法时应尽量使得算法对一组固定的控制参数能在较广泛的问题的数据范围内解题，而且对一组给定的问题数据，算法对其控制参数的微小扰动不那么敏感。

（5）生物类比原则：因为进化算法的设计思想是基于生物演化过程的，所以那些在生物界被认为是有效的方法及操作可以通过类比的方法引入算法中，有时会带来较好的结果。

9.2　遗传算法

遗传算法是人工智能的重要新分支，是基于达尔文进化论，在微型计算机上模拟生命进化机制而发展起来的一门新学科。它根据"适者生存，优胜劣汰"等进化规律来进行搜索计算和问题求解。对许多用传统数学难以解决或明显失效的非常复杂的问题，特别是最优化问题，遗传算法提供了一个行之有效的新途径。遗传算法的基本流程如图 9.2 所示。

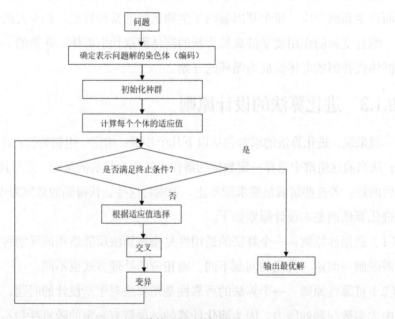

图 9.2　遗传算法的基本流程

9.2.1　遗传算法的基本思想

遗传算法的基本思想基于达尔文进化论和孟德尔遗传学说。达尔文进化论最重要的是适者生存原理。它认为每一物种在发展中越来越适应环境。物种每个个体的基本特征由后代所继承，但后代又会产生一些异于父代的新变化，在环境变化时，只有那些能适应环境的个体特征能保留下来。

孟德尔遗传学说最重要的是基因遗传原理。它认为遗传信息以密码方式存在于细胞中，并以基因形式包含在染色体内。每个基因有特殊的位置并控制某种特殊性质；所以每个基因产生的个体对环境具有某种适应性。基因突变和基因杂交可产生更适应于环境的后代，经优胜劣汰的自然淘汰，适应性高的基因结构得以保存下来。

遗传算法以生物细胞中的染色体作为生物个体，认为每一代同时存在许多不同染色体。用适应性函数表征染色体的适应性，染色体的保留与淘汰取决于它们对环境的适应性，优胜劣汰。适应性函数是整个遗传算法极为关键的一部分，其构成与目标函数密切相关，往往是目标函数的变种，由 3 个算子组合构成：选择（繁殖）、交叉（重组）、变异（突变）。这种算法可起到优化后代的作用。遗传算法已在优化计算和分类机器学习等方面发挥显著作用。

（1）选择（繁殖）算子（selection operator）又称复制（reproduction）算子。选择指的是模拟自然选择的操作，从种群中选择生命力强的染色体，产生新的种群的过程。选择的依据是每个染色体的适应值的大小，适应值越大，被选中的概率就越大，其子孙在下一代产生的个数就越多。根据不同的问题，选择的方法可采用不同的方案。常见的方法有比例法、排列法和比例排列法。

（2）交叉（重组）算子（crossover operator）又称配对（breeding）算子。模拟有性繁殖的基因重组操作，当许多染色体相同或后代的染色体与上一代没有多大差别时，可通过染色体重组来产生新一代染色体。染色体重组分为两个步骤进行；首先，在新复制的群体中随机选取两个染色体，每个染色体由多个位（基因）组成；然后，沿着这两个染色体的基因以一定概率(称为交叉概率)取一个位置，两者互换从该位置起的末尾部分基因。例如，有两个用二进制编码的个体 A 和 B，长度 $L=6$，$A=a_1a_2a_3a_4a_5a_6$；$B=b_1b_2b_3b_4b_5b_6$。根据交叉概率选择整数 $k=4$，经交叉后变为：$A'=a_1a_2a_3b_4b_5b_6$；$B'=b_1b_2b_3a_4a_5a_6$。遗传算法的有效性主要来自选择和交叉操作，尤其是交叉，在遗传算法中起着核心作用。

（3）变异（突变）算子（mutation operator）。选择和交叉算子基本上完成了遗传算法大部分搜索功能，而变异算子则增加了遗传算法找到接近最优解的能力。变异就是以很小的概率随机改变字符串某个位置上的值。在二进制编码中，就是将 0 变成 1，将 1 变成 0。变异发生的概率极低（一般取值为 0.001~0.01）。它本身是一种随机搜索，但与选择、交叉算子结合在一起，就能避免由选择和交叉算子引起的某些信息的永久性丢失，从而保证遗传算法的有效性。

9.2.2 遗传算法的特点

遗传算法比起其他普通的优化搜索，采用了许多独特的方法和技术。归纳起来，主要有以下几个方面。

（1）遗传算法的编码操作使得它可以直接对结构对象进行操作。所谓结构对象泛指集合、序列、矩阵、树、图、链和表等各种一维、二维甚至三维结构形式的对象。因此，遗传算法具有非常广泛的应用领域。

（2）遗传算法是一个利用随机技术来指导对一个被编码的参数空间进行高效率搜索的方法，而不是无方向的随机搜索。这与其他随机搜索是不同的。

（3）许多传统搜索方法都是单解搜索算法，即通过一些变动规则，将问题的解从搜索空间中的当前解移到另一解。对于多峰分布的搜索空间，这种点对点的搜索方法常常会陷于局部的某个单峰的优解。而遗传算法采用群体搜索策略，即采用同时处理群体中多个个体的方法，同时对搜索空间中的多个解进行评估，从而使遗传算法具有较好的全局搜索性能，减少了陷于局部优解的风险，但还是不能保证每次都得到全局最优解。遗传算法本身也十分易于并行化。

（4）在基本遗传算法中，基本上不用搜索空间的知识或其他辅助信息，而仅用适应度函数值来评估个体，并在此基础上进行遗传操作，使种群中个体之间进行信息交换。特别是遗传算法的适应度函数不仅不受连续可微的约束，而且其定义域也可以任意设定。对适应度函数的唯一要求是能够算出可以比较的正值。遗传算法的这一特点使它的应用范围大大扩展，非常适合解决传统优化方法难以解决的复杂优化问题。

9.3 群体智能算法

在众多智能计算方法中，受动物群体智能启发的算法称为群体智能（swarm intelligence，SI）算法，如图 9.3 所示。

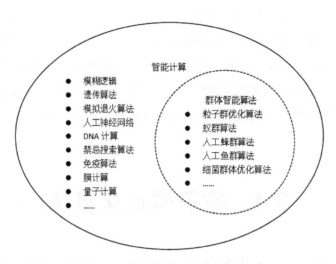

图 9.3　智能计算

自然界中有许多现象令人惊奇，如蚂蚁搬家、鸟群觅食、蜜蜂筑巢等，这些现象不仅吸引生物学家去研究，也让计算机学家痴迷。

鸟群的排列看起来似乎是随机的，其实它们有着惊人的同步性，这种同步性使得鸟群的整体运动非常流畅。有几位科学家对鸟群的运动进行了计算机仿真，他们让每个个体按照特定的规则运动，形成鸟群整体的复杂行为。模型成功的关键在于对个体间距离的操作，也就是说群体行为的同步性是因为个体努力维持自身与邻居之间的距离为最优，为此每个个体必须知道自身位置和邻居的信息。生物社会学家 E.O.威尔逊（E.O.Wilson）也曾说过："至少从理论上，在搜索食物的过程中群体中的个体成员可以得益于所有其他成员的发现和先前的经历。当食物源不可预测地零星分布时，这种协作带来的优势是决定性的，远大于对食物的竞争带来的劣势。"

这些由简单个体组成的群落与环境以及个体之间的互动行为，称为"群体智能"。在计算智能领域，群体智能算法包括粒子群优化算法、蚁群算法等。粒子群优化算法起源于对简单社会系统的模拟。最初设想是用粒子群优化算法模拟鸟群觅食的过程，但后来发现它是一种很好的优化工具。蚁群算法是对蚂蚁群落食物采集过程的模拟，已经成功运用在很多离散优化问题上。图 9.4 表示了生物层次与对应的仿生智能计算的关系。

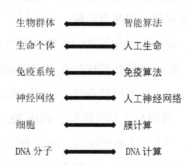

图 9.4　生物层次与仿生智能计算的对应关系

群体智能算法与进化算法既有相同之处，也有明显的不同之处。相同之处：首先，进化算法和群体智能算法都是受自然现象的启发，基于提取出的简单自然规律而发展出的计算模型。其次，两者又都是基于种群的方法，且种群中的个体之间、个体与环境之间存在相互作用。最后，两者都是启发式随机搜索方法。不同之处：进化算法强调种群的达尔文主义的进化模型，而群体智能算法则注重对群体中个体之间的相互作用与分布式协同的模拟。

9.4 粒子群优化算法

粒子群算法也称为粒子群优化（particle swarm optimization，PSO）算法，是近几年发展起来的一种新的进化算法，是由美国普渡大学的埃伯哈特（Eberhart）博士和肯尼迪（Kennedy）博士发明的一种新的全局优化进化算法，源于对鸟群捕食的行为研究。PSO同遗传算法类似，是一种基于迭代的优化工具。系统初始化为一组随机解，通过迭代搜寻最优值。同遗传算法比较，PSO的优势在于简单和容易实现，并且没有许多参数需要调整。

PSO算法与其他进化算法相似，也是基于群体的，根据对环境的适应度将群体中的个体移动到好的区域，然而它不像其他演化算法那样对个体使用演化算子，而是将每个个体看作 n 维搜索空间中一个没有体积质量的粒子，在搜索空间中以一定的速度飞行。

标准的粒子群优化算法分为两个版本：全局版和局部版。上面介绍的是全局版粒子群优化算法。局部版与全局版的差别在于，用局部领域内最优邻居的状态代替整个群体的最优状态。全局版的收敛速度比较快，但容易陷入局部极值点，而局部版搜索到的解可能更优，但速度较慢。

粒子群优化算法的流程如图 9.5 所示。

粒子群优化算法已在诸多领域得到应用，简单归纳如下。

（1）神经网络训练。利用 PSO 来训练神经元网络，将遗传算法与 PSO 结合来设计递归/模糊神经元网络等。利用 PSO 设计神经元网络是快速、高效并具有潜力的方法。

（2）化工系统领域。利用 PSO 求解苯乙烯聚合反应的最优稳态操作条件，获得了最大的转化率和最小的聚合体分散性；使用 PSO 来估计在化工动态模型中产生不同动态现象（如周期振荡、双周期振荡、混沌等）的参数区域，仿真结果显示提高了传统动态分叉分析的速度；利用遗传编程和 PSO 辨识最优生产过程模型及其参数。

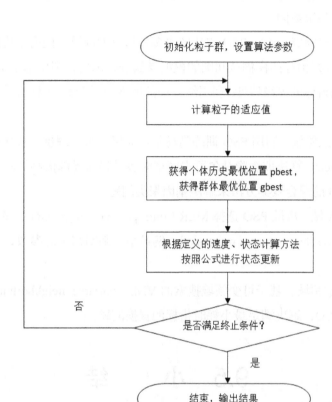

图 9.5　粒子群优化算法的流程

（3）电力系统领域。将 PSO 用于最低成本发电扩张 GEP（gene expression programming，基因表达式编程）问题，结合罚函数法解决带有强约束的组合优化问题；利用 PSO 优化电力系统稳压器参数；利用 PSO 解决考虑电压安全的无功功率和电压控制问题；利用 PSO 算法解决满足发电机约束的电力系统经济调度问题；利用 PSO 解决满足开、停机热备份约束的机组调度问题。

（4）机械设计领域。利用 PSO 优化设计碳纤维强化塑料，利用 PSO 对降噪结构进行最优化设计。

（5）通信领域。利用 PSO 设计电路，将 PSO 用于光通信系统的 PMD（代码缺陷检测工具）补偿问题。

（6）机器人领域。利用 PSO 和基于 PSO 的模糊控制器对可移动式传感器进行导航，利用 PSO 求解机器人路径规划问题。

（7）经济领域。利用 PSO 求解博弈论中的均衡解，利用 PSO 和神经元网络解决最大利益的股票交易决策问题。

（8）图像处理领域。离散 PSO 方法解决多边形近似问题，提高多边形近似结果；利用 PSO 对用于放射治疗的模糊认知图的模型参数进行优化；利用基于 PSO 的微波图像法来确定电磁散射体的绝缘特性；利用结合局部搜索的混合 PSO 算法对生物医学图像进行配准。

（9）生物信息领域。利用 PSO 训练隐马尔可夫模型来处理蛋白质序列比对问题，克服利用 Baum-Welch 算法训练隐马尔可夫模型时容易陷入局部极小的缺点；利用基于自组织映射和 PSO 的混合聚类方法来解决基因聚类问题。

（10）医学领域。离散 PSO 选择 MLR（multiple linear regression，多元线性回归）和模型 PLSR（partial least squares regression，偏最小二乘回归）的参数，并预测血管紧缩素的对抗性。

（11）运筹学领域。基于可变领域搜索的 VNS（variable neighborhood search，可变邻域搜索）的 PSO，解决满足最小耗时指标的置换问题。

9.5　小　结

遗传算法、免疫算法、模拟退火算法、DNA 计算、蚁群算法、人工蜂群算法、人工鱼群算法以及细菌群体优化算法等都是仿生算法，是基于人们对自然规律的认知而设计的获取知识的计算工具，具有自适应、自组织、自学习的特性，可以达到全局优化的目的。智能优化通常包括进化算法和群体智能算法等两大类算法，已经广泛应用于神经网络、经济、医学、电力、生物信息、机器人、通信、机器学习、智能控制、模式识别、网络安全等领域。粒子群优化算法具有较好的收敛性和全局搜索能力，在多个优化领域中得到了广泛应用。

智能计算拓展阅读

思考题

9.1　遗传算法的基本步骤和主要特点是什么？

9.2　群体智能算法的基本思想是什么？

9.3　群体智能算法的主要特点是什么？

9.4　列举几种典型的群体智能算法，分析它们的主要优点、缺点。

9.5　简述群体智能算法与进化算法的异同。

9.6　举例说明粒子群优化算法的搜索原理，并简要叙述粒子群优化算法有哪些特点。

第3篇 人工智能技术应用

第10章
智慧交通

智慧交通是指在传统交通的基础上融入物联网、云计算、大数据、移动互联网、人工智能等新技术，实现"人、车、路、环境"等的有机结合，更加强调协同运作、个性化和智能化运作。目前，中国智慧交通已从探索进入实际开发和应用阶段，且保持着高速的发展态势。

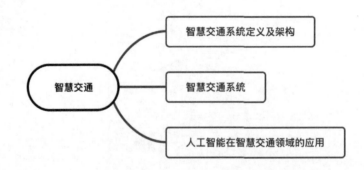

10.1 智慧交通系统定义及架构

交通系统是一个涵盖道路运输、铁路运输、航运、水运等多种运输方式，由多个子系统构成的复杂系统。交通系统集成了监督、控制、管理等功能和种类繁多的各类高新技术，以及大量时间的、空间的、静态的、动态的信息，通信需求和资源共享需求也是多种多样的。因此，交通系统的设计也是复杂而烦琐的。建设一种新型交通系统的首要任务就是要进行宏观层面上的、定性的总体规划设计，即体系架构设计。

智慧交通系统体系架构设计的目的是指导智慧交通系统未来发展的总体规划、分步实施的方法与策略。其设计的目的主要包含以下 4 个方面。

（1）为智慧交通系统的发展制定蓝图，确立分阶段实施计划和方案，在较短的时间内，以较小的代价达到较高水平。

（2）现有交通系统向智慧化、综合化、体系化方向发展，提高各类资源的利用率，避免重复建设和无计划的开发。

（3）为智慧交通系统相关标准的制定提供重要依据，指导智慧交通系统标准体系的建立，并提供一个检查标准是否完备、是否重叠、是否一致等问题的手段。

（4）确保不同运输方式、不同时间、不同地区开发的系统相互协调、无缝集成，进而保证指挥交通系统集成的兼容性、可控性和可交互操作性。

在智慧交通系统发展建设时期，各国相关领域的科研团队、专家学者都曾提出不同的智慧交通系统体系架构，这些体系架构对智慧交通系统体系架构的构建仍具有较大的借鉴意义。

10.2　智慧交通系统

自动驾驶、智慧交通信号系统、最佳路线推荐等都是人工智能对智慧交通带来的积极影响。当然，想要让人工智能在智慧交通领域的作用得到充分发挥，应该将其与应用场景相结合，从浅层次的技术驱动过渡到深层次的场景驱动。和应用场景结合后，人工智能将会有力地推动产业模式创新，为创业者及企业提供广阔的变现空间。

事实上，人工智能不仅是一种技术，它就像互联网一般，将给人类带来一种全新的思维模式，对产业结构优化、经济管理理念创新等，具有十分重要的价值。同时，智慧交通离不开大数据支持，辅助驾驶、无人驾驶、路径规划等都建立在对海量交通大数据进行搜集与分析的基础之上。通过数据分析，可以发现知识、找到规律，进而从中提炼智能，行业的发展水平将会实现快速提升。人、车、路通过实时数据交换实现高效低成本交互，是智慧交通落地的重要基础。

人工智能在智慧交通行业的应用，可以被看作一个从 IT（information technology，信息技术）到 OT（operational technology，运营技术）再到 ET（engineering technology，工业技术）的过程。最初，交通行业要投入大量资源实现信息化、数字化。为了挖掘数据价值、输出产品及服务，就需要进行 OT 化，形成一种标准化的运营流程与模式，最后进行 ET 化，也就是智能化。自动感知是智慧交通的基础性工作，要在不干扰出行者的基础上，实现对交通大数据的实时搜集。实现自动感知后，企业的价值创造空间将会得到极大拓展。具体而言，智慧交通的考量指标主要包括以下几点。

（1）安全。在安全方面，在人工智能系统的协调控制下，人、车、路将会进行实时交互，交通事故概率将会显著降低，而且无人驾驶时代来临后，酒驾、路怒症、闯红灯、疲劳驾驶等问题将得到有效解决。

（2）便捷。在便捷方面，现行交通系统缺乏系统性、协调性，不同交通方式未能发挥联动作用。以换乘为例，地铁站和公交站设置不合理，导致人们换乘需要付出较高的时间成本，而应用人工智能技术后，将通过对各类交通数据的整合与分析，对城市交通流量变化进行预测，帮助交通运输、运营企业更好地设置公交及地铁站点，合理安排路线等，给人们的生产、生活带来诸多便利。

（3）高效。智慧交通系统可以实施整体性优化，通过"智慧交通大脑"协调各方资源，帮助人们制订更为科学合理的出行方案，提高交通路网承载能力及交通运行效率。

（4）以人为本。智慧、交通旨在提高交通运输的运行效率、安全性和舒适度，最终为人民创造更好的出行体验和生活品质。在智慧交通系统中，人的需求将会得到充分尊重，系统会从城市整个交通生态角度上配置资源，以人为本，实现人、车、路之间的高度和谐。

10.3　人工智能在智慧交通领域的应用

近年来，越来越多的交通卡口联网，汇集的车辆通行记录信息越来越多，相关部门可借助人工智能技术对城市交通流量进行实时分析，对红绿灯间隔进行有效调节，缩短车辆等待时间，让城市道路通行效率得以切实提升。

人工智能用于交通相当于给整个城市的交通系统安装了一个人工智能大脑。它能实时掌控城市道路上的车辆通行信息、小区的停车信息、停车场的车辆信息等，能提前对交通流量、停车位数量变化进行有效预测，对资源进行合理调配，对交通进行有效疏导，实现大规模的交通联动调度，提升整个城市的交通运行效率，缓解交通拥堵，保证居民出行顺畅。

车牌识别是目前人工智能应用最理想的领域，也是人工智能在智慧交通领域最为理想的应用。据了解，车牌识别准确率可达到99%，前提是在标准卡口的视频条件下，并附加一些预设条件。如果在简单卡口与卡口图片条件下，车牌识别准确率不足90%。不过，未来随着人工智能、深度学习算法持续发展，这种情况能得到显著改变。

传统图像处理与机器学习算法的很多特征都是人为制定的，比如 HOG、SIFT 等。在目标检测与特征匹配方面，这些特征占据着非常重要的地位，安防领域很多算法使用的特征都源于这两大特征。根据以往的经验，因为理论分析难度较大，且训练方法需要诸多技巧，所以人为设计特征与机器学习算法需要花费大量时间才能取得一次较大的突破，而且对算法工程师的要求越来越高。

深度学习则不同，利用深度学习进行图像检测与识别，无须人为设定特征，只需准备好充足的图像进行训练，不断迭代，就能取得较好的结果。从目前的情况看，只要不断加入新数据，拥有充足的时间与资源，深度学习的网络层次就会持续增加，识别准确率就能不断提升。相较于传统方法来说，这种方法的使用效果要好很多。除此之外，车辆颜色识别、车辆厂商标志识别、车辆检索、人脸识别等领域的技术也日趋成熟。

1. 车辆颜色识别

以前，光照条件不同、相机硬件误差等因素会导致车辆颜色发生改变。现如今，在人工智能技术的辅助下，因车辆颜色变化导致识别错误的问题得以有效解决，卡口车辆颜色的识别准确率达到了 85%，电警车辆主颜色的识别准确率超过了 80%。

2. 车辆厂商标志识别

过去，车辆厂商标志识别一般使用传统的 HOG、局部二值模式（local binary pattern，LBP）、SIFT、加速稳健特征（speeded up robust feature，SURF）等，借助基于 SVM 的机器学习技术开发一个多级联的分类器进行识别，错误率比较高。现如今，引入大数据和深度学习技术之后，车辆厂商标志的识别准确率急速升高。

3. 车辆检索

在车辆检索方面，在不同场景下，车辆图片会出现曝光过度或者曝光不足、车辆尺寸发生变化等现象。在此情况下，如果继续使用传统方法提取车辆特征会出现失误，导致车辆的检索准确率受到不良影响。引入深度学习之后，系统可获得比较稳定的车辆特征，更加精准地搜索到相似目标，部分设备的搜索成功率超过 95%。

4. 人脸识别

在人脸识别方面，受光线、表情、姿态等因素的影响，人脸会发生一些变化。目前，很多应用都要求人脸识别的场景、姿态固定，引入深度学习算法之后，固定场景的人脸识别率可提高到 99%，且对光线、姿态等条件的要求也有所放松。

5. 交通信号系统

传统的交通灯转换使用的都是默认时间，虽然这个时间每隔一段时间就会更新一次，但随着交通模式的不断发展，传统系统的适用时间越来越短。而引入人工智能的智慧交通信号系统则是用雷达传感器和摄像头监控交通流，然后利用人工智能算法确定转换时间，通过将人工智能与交通控制技术相融合，对城市道路网中的交通流量进行合理优化。

6. 警用机器人

未来，警用机器人或将取代部分交通警察，全天候、全方位地保证道路交通安全，提高道路交通管理的效率和准确性，加强路面监控和安全维护工作，促进交通流畅，并为交通管理者提供更加全面的信息和数据支持。

7. 无人驾驶和汽车辅助驾驶

无人驾驶是指全自动驾驶技术，即车辆可以在无人操控的情况下完成全部驾驶任务。车辆通过搭载各种传感器和监控系统（如激光雷达、摄像头、声纳等）来获取周围环境信息，并通过高精度地图构建和感知技术等进行路况判断和车辆控制，从而实现全自动驾驶。汽车辅助驾驶则针对特定的驾驶场景，如自适应巡航、自动泊车、车道保持辅助等，在车辆搭载相应的传感器、计算机和控制系统的情况下，可以对车辆进行部分控制，使得驾驶更加轻松和安全。

目前，这些技术已和人工智能实现了有机融合，交通管理部门可以清晰地看到道路交通运行状态，发现车辆通行轨迹，及时掌握路况信息，缩短事故应急时间，有效预防和减少交通事故的发生。

10.4 小　结

智慧交通基于先进的信息和通信技术，对交通运输系统进行协调、优化和智能化的管理。智能交通系统通过采集交通数据、分析交通状况和指挥交通管理，提高交通效率和安全。大数据分析和人工智能技术可以帮助交通管理者更好地分析和管理交通数据和信息。

智慧交通拓展阅读

思 考 题

10.1　阐述人工智能在交通领域作用。

10.2　智慧交通系统的作用有哪些？

第11章
智能机器人

机器人学（robotics），又称机器人技术或机器人工程学，是与机器人设计、制造和应用相关的人工智能技术的集成科学。全世界已有近百万台机器人在运行，这些机器人可以用于各种不同的领域，包括生产制造、医疗、教育、军事、探险、清洁、物流等。随着机器人技术的不断发展，它们的应用范围也在不断扩大，将来还有更多的机器人将被投入使用。

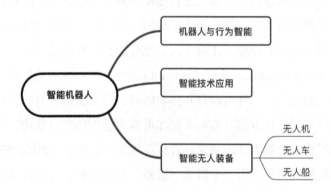

11.1　机器人与行为智能

如果说人工智能的符号学派模拟智能软件，联结学派模拟大脑硬件，那么可以说行为学派是模拟身体，而且是简单的、看起来没有什么智能的身体。在人工智能领域，很早就有人提出过自下而上地涌现智能的方案，只不过它们从来没有引起大家的注意。控制论思想早在20世纪40年代至20世纪50年代就成为时代思潮的重要部分，影响了早期的人工智能工作者。控制论把神经系统的工作原理与信息理论、控制理论、逻辑以及计算机联系起来，早期的研究工作重点是模拟人在控制过程中的智能行为和作用，如对自寻优、自适应、自组织和自学习等控制论系统的研究，并进行"控制论动物"的研制。20世纪60年代至20世纪70年代，上述控制论系统的研究取得了一定的进展，出现了控制方式与数控机床大致相似、可进行点位和轨迹控制、手和臂类似人的手和臂的工业机器人，在20世纪80年代诞生了智能控制和智能机器人系统。

美国麻省理工学院的行为主义开创者布鲁克斯的实验室制造了各种机器昆虫。这些机器昆虫没有复杂的大脑，也不会按照传统的方式进行复杂的知识表示和推理。它们不需要大脑的干预，仅凭四肢和关节的协调就能很好地适应环境。它们表面上的智能事实上并不是源于自上而下的复杂设计，而是源于自上而下的与环境的互动。它们被看作新一代的"控制论动物"，是一个基于"感知-动作"模式模拟昆虫行为的控制系统。

工业机器人、机器昆虫等机器出现以后都被称为"机器人"。那么，当人们提及机器人时，其到底指的是什么？人们将机器昆虫这类机器称为"机器人"，显然是将机器人拟人化的说法。机器人问世至今已有几十年的历史，人们对于其定义与智能、人工智能一样，没有形成一个统一的观点，原因之一是机器人还在不断地发展，新的机型和功能还在不断涌现。另一个原因是机器人和人工智能都涉及人的概念，这使它成为一个难以回答的哲学问题。就像机器人一词最早诞生于科幻小说一样，人们对机器人充满了幻想。也许正是由于机器人定义的模糊，才给了人们充分的想象和创造空间。

ISO（International Organization for Standardization，国际标准化组织）采纳了美国机器人协会对机器人的定义：一种可编程和多功能的，用来搬运材料、零件、工具的操作机；或是为了执行不同的任务而具有可改变和可编程动作的专门系统。这个定义中有4个关键概念对发展智能机器人学的研究具有重要意义：①机器；②复杂的动作；③自动；④能够通过计算机编程实现。第一个概念"机器"非常重要，它包含目前被认为是机器人的各种各样的设备平台。当然，也可以认为机器人就是类似于人的机器，或者就是模仿人或动物的各种肢体动作、思维方式和控制决策能力的机器。实际上，目前世界范围内使用的绝大多数机器人都是在工厂中进行重复性工作的工业（生产和装配）机器人，它们都没有类似于人的样貌。这些工业机器人有着多关节的机械手臂，主要用来完成工业生产中的精密工作，如在汽车生产工厂中进行金属模块的焊接、在食品包装厂中进行物体的移动和升降。

人工智能诞生以后，机器人已经成为测试、实验和实现人工智能的重要载体和手段。人类除了利用计算机实现人工智能，还可以通过设计、创造机器人来实现具有与环境交互、动作响应和执行功能的智能机器。人工智能的机器视觉、语音识别、图像识别、自然语言处理等不仅是人工智能需要研究的重点，也是使智能机器人得以实现所必须攻克的科技难点。同时，触觉、嗅觉、味觉等以外的感知能力在机器智能上的模拟和实现主要以机器人为载体。

机器人还承载了人类实现具有类人智能的强人工智能的梦想。有很多机器人技术并不以人类为对象，而是以各种各样的动物甚至植物为模拟对象或设计灵感来源，发展各种机器动物。因此，机器人技术具有非常多元化的内容，小到纳米机器人，大到巨型"阿凡达"机器人，不一定局限于人类的形象。现代机器人已经从早期的科学幻想中的人形机器人发展成了空中、水下、水面、陆地、太空等各种场景下各种形态的机器人，成为增强人类体能、扩展活动空间的重要手段。机器人也是人工智能行为主义的典型技术，是实现机器行为智能的主要手段和方式，尤其以各种机器动物为代表。

11.2 智能技术应用

随着社会的发展，人们的需求也不断增多，对智能机器人的要求也越来越高。许多人工智能技术已经应用到智能机器人中，提高了机器人的智能化程度。事实上，几乎所有人工智能技术都可在机器人上集成和使用。同时，智能机器人是人工智能技术的综合试验场，可以全面检验人工智能技术的实用性，促进人工智能理论与技术的深入研究。

目前，对智能机器人的发展影响比较大的人工智能关键技术主要包括智能感知技术（多传感器融合）、智能导航与规划技术（自主导航与避障、路径规划）、智能控制与操作技术、智能交互技术（人机接口）等，如图 11.1 所示。

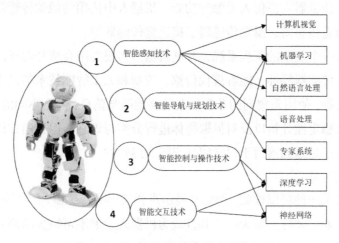

图 11.1 人工智能在智能机器人中的应用

1. 机器人智能感知

实现智能机器人的首要条件是使机器人具有智能感知能力。传感器是能够感受并按照一定规律将其变换成可用输出信号的器件或装置，是机器人获取信息的主要部分，类似于人的五官。按仿生学观点，如果把计算机看成处理和识别信息的大脑，把通信系统看成传递信息的神经系统，那么传感器就是感官。传感技术则是从环境中获取信息并对之进行处理、变换和识别的多学科交叉的现代科学与工程技术，涉及传感器、信息处理和识别的规划设计、开发、制造/建造测试、应用及评价等。

以下将重点介绍人工智能技术在机器人视觉、触觉和听觉这3类基本的感知模态中的应用。

（1）机器人视觉

人类获取的信息有80%以上来自视觉，为机器人配备视觉系统是非常必要的。在机器人视觉中，客观世界中的三维物体经由摄像机转变为二维的平面图像，再经图像处理，输出该物体的图像，让机器人能够辨识物体并确定其位置。通常机器人判断物体的位置和形状需要两类信息，即距离信息和明暗信息。当然，物体的视觉信息还有色彩信息，但它对物体的位置和形状识别的作用不如前两类信息重要。机器人视觉系统对光线的依赖性很大，往往需要好的照明条件，以便使物体所形成的图像较为清晰，增强检测信息，避免阴影、低反差、镜反射等问题。

机器人视觉的应用领域包括为机器人的动作控制提供视觉反馈、为移动式机器人提供视觉导航以及用机器人代替或帮助人对质量控制、安全检查进行视觉检验。

（2）机器人触觉

触觉智能可以让机器人通过触摸识别物体的滑动和定位物体，预测是否能抓物成功。触觉传感器用于让机器人模仿人类触觉功能。机器人中使用的触觉传感器主要包括接触觉传感器、压力觉传感器、滑觉传感器、接近觉传感器等。

机器人拥有一个复杂的工程系统，开展机器人多模态融合感知需要综合考虑任务特性、环境特性和传感器特性。随着现代传感、控制和人工智能技术的进步，触觉传感器取得了长足的发展，使用采集到的非常复杂的高维触觉信息，结合不同的机器学习算法，进行机械手抓取稳定性分析以及对抓取物体进行分类与识别。但目前在机器人触觉感知方面的研发进展还是远远落后于视觉感知与听觉感知的。

（3）机器人听觉

听觉传感器是一种可以检测、测量并显示声音波形的传感器，广泛应用于日常生活、军事、医疗、工业、领海、航天等，并且成为机器人发展不可缺少的部分。听觉传感器用来接收声波，显示声音的振动图像。在某些环境中，要求机器人能够测知声音的音调。

响度区分左右声源，有的甚至可以判断声源的大致方位。有时人们甚至要求与机器人进行语音交流，使其具备人机对话功能，自然语言与语音处理技术在其中起到重要作用。听觉传感器的存在，使得机器人能更好地完成交互任务。

（4）多传感器信息融合

多传感器信息融合技术是把分布在不同位置的视觉、听觉、触觉等多个传感器所提供的相关信息进行综合处理，更全面、准确的信息可更精确地反映被测对象的信息，消除多个传感器之间可能存在的冗余，降低不确定性。

随着传感器技术的迅速发展，机器人系统上配置了各种不同模态的传感器。从摄像机到激光雷达，从听觉到触觉，从味觉到嗅觉，几乎所有传感器在机器人上都得到了应用。对于一个待描述的目标或场景，通过不同的方法或视角收集到的耦合数据样本是多模态数据。通常把收集这些数据的每一个方法或视角称为一个模态。狭义的多模态通常关注感知特性不同的模态，而广义的多模态通常还包括同一模态信息中的多特征融合以及多个同类型传感器的数据融合等。因此，多模态感知与学习这一问题与信号处理领域的多源融合、多传感器融合以及机器学习领域的多视学习或多视融合等有密切的联系。机器人多模态信息感知与融合在智能机器人的应用中起着重要作用。

机器人系统采集到的多模态数据各具特点，为融合感知的研究工作带来了巨大的挑战，多模态数据包括以下几种。

① 动态的多模态数据。机器人通常在动态环境下工作，采集到的多模态数据必然具有复杂的动态特性。

② 受污染的多模态数据。机器人的操作环境非常复杂，因此采集的数据通常具有很多噪声和野点。

③ 失配的多模态数据。机器人携带的各种传感器的工作频带、使用周期具有很大差异，导致各个模态之间的数据难以匹配。

为了实现多模态信息的有机融合，需要为它们建立统一的特征表示和关联匹配关系。举例来说，目前，对于机器人操作任务，很多机器人都配备了视觉传感器。在实际操作与应用中，常规的视觉感知技术受到很多限制，例如光照、遮挡等。对于物体的很多内在属性，例如"软""硬"等，则难以通过视觉传感器感知。对机器人而言，触觉也是获取环境信息的一种重要感知方式。与视觉传感器不同，触觉传感器可直接测量对象和环境的多种性质和特征。

2. 机器人智能导航

随着信息科学、计算机、人工智能和现代控制等技术的飞速发展。人们尝试采用智能导航的方式来解决机器人运行的安全问题，使机器人能够顺利地完成各种服务和操作（如安保巡逻、物体抓取）。

机器人智能导航是指机器人根据自身传感系统对内部姿态和外部环境进行感知，通过对环境信息的识别列出最优或近似最优的路径，实现与障碍物无碰撞的安全运动。

机器人自主智能导航系统的主要任务是：把感知、规划、决策、动作等模块有效地结合起来，从而完成指定的任务。

机器人智能导航主要有惯性导航、视觉导航、卫星导航等。不同的导航方式适用的环境不同，如室内环境和室外环境、简单环境和复杂环境等。

（1）惯性导航用加速度计和陀螺仪等惯性传感器测量机器人的方位角和加速度，从而推知机器人的当前位置和下一步的位置。这种导航方式实现起来比较简单。但是，随着机器人航程的增长，误差的积累会无限增加，控制及定位的精度很难提高。

（2）视觉导航，机器人利用自身装配的摄像机拍摄周围环境的局部图像，然后利用图像处理技术将外部环境的相关信息存储起来，为机器人进行自身定位以及下一步动作的规划提供数据，从而使机器人自主规划路线，最终安全到达终点，完成全局导航。这种导航方式中涉及的图像处理技术计算量大，还存在实时性差的问题。

（3）卫星导航。机器人利用卫星信号接收装置在室内或室外实现自身定位。这种导航方式存在近距离定位精度低等缺点，在实际应用中一般要结合其他导航技术一起工作。

3. 机器人智能路径规划

路径规划技术主要是指利用最优路径规划算法找到一条可以有效避开障碍物的最优路径。

根据机器人对环境的掌控情况，机器人智能路径规划可以分为基于地图的全局路径规划、基于传感器的局部路径规划、基于地图和传感器的混合路径规划3种。

智能路径规划的核心是实现自动避碰。机器人自动避碰系统由数据库、知识库、机器学习和推理机等构成。通过机器人本体上的各类导航传感器收集本体及障碍物的信息、环境地图的信息以及推理过程中的中间结果等数据，并将收集到的信息输入机器人自动避碰系统的数据库，供系统在进行机器学习及深入推理时随时调用。

机器人自动避碰系统的知识库主要包括根据机器人避碰规则专家对避碰规则的理解和认识以及相关研究成果，包括机器人运动规划的基础知识和规则、实现避碰推理的算法及结果，以及由各种产生式规则形成的若干个基本避碰知识模块。知识库是机器人自动避碰系统决策的核心部分。

对于避碰这样一个动态、时变的过程，自动避碰系统应具有实时掌握目标动态的能力，这样才会有应变能力。在自动避碰的整个过程中，要求系统不断监测所有环境的状态信息，不断核实障碍物的运动状态。自动避碰的基本过程如下。

（1）确定机器人本体长、宽以及负载等静态参数；确定机器人速度及方向，在全速情况下至停止所需时间及前进距离、在全速情况下至全速倒车所需时间及前进距离、机器第一次避碰时机等动态参数；确定机器人本体与障碍物之间的相对速度、相对方位等相对位置参数。

（2）根据障碍物参数分析机器人本体的运动态势，判断哪些障碍物与机器人本体存在碰撞危险，并对危险目标进行识别。

（3）根据机器人与障碍物碰撞局面分析结果，调用相应的知识模块求解机器人避碰规划方式及目标避碰参数，并对避碰规划进行验证。

未来的机器人智能导航与智能路径规划系统将成为集导航（定位、避碰）、控制、监视、通信于一体的机器人综合管理系统，更加重视信息的集成。利用专家系统和来自雷达、GPS（global positioning system，全球定位系统）、计程仪等设备的导航信息，来自其他传感器的环境信息和机器人本体状态信息，以及知识库中的其他静态信息，实现机器人运动规划的自动化（包括运行规划管理、运行轨迹的自动导航、自动避碰等），最终实现机器人从任务起点到任务终点的全自动化运行。

4. 机器人智能运动控制

智能运动控制是控制理论发展的高级阶段，主要用来解决复杂系统的运动控制问题。智能运动控制研究的对象通常具有不确定数学模型以及复杂的任务要求。目前，机器人的运动控制与操作包括运动控制和操作过程中的精细操作与遥控操作。随着传感技术以及人工智能技术的发展，智能运动控制和智能操作已成为机器人控制的主流技术。

PID（proportional,integral,and differential，比例、积分和微分）控制算法控制结构简单，参数容易调整，易于实现，而且具有较强的健壮性，因此，被广泛应用于工业过程控制及机器人运动控制中。

然而，这些基于模型的机器人运动控制方法对缺失的传感器信息、未规划的事件机器人作业环境中的不熟悉位置非常敏感。所以，传统的基于模型的机器人运动控制方法不能保证设计系统在复杂环境下的稳定性、健壮性和整个系统的动态性能。此外，这些运动控制方法不能积累经验和学习人的操作技能。为此，以神经网络和模糊逻辑为代表的人工智能理论与方法开始应用于机器人的运动控制。

神经网络控制是基于人工神经网络的控制方法。它具有较强的自学习能力和非线性映射能力，不依赖于精确的数学模型，能够实现数学模型难以描述或无法处理的控制系统，适用于智能机器人这种复杂、不确定、多变量、非线性系统的控制。

模糊控制的关键是模糊控制器，它主要有模糊化、模糊推理、模糊规则及逆模糊化等模块。用计算机实现模糊控制器的具体过程是：首先通过采样得到被控量的精确值，将其与给定值进行比较，得到系统的误差，再求出误差变化率；然后进行输入量的模糊化处理，将误差和误差变化率都变成模糊量，并且将模糊量转化为适当的模糊子集（例如"高""低""快""慢"等）；再根据模糊控制规则进行模糊推理，得到模糊控制量；最后进行逆模糊化处理，得到精确量。这就完成了一个模数采样周期内对被控对象的控制。等到下一次模数采样，再重新按照上面的步骤进行控制，多次循环后就完成了整个控制过程。为了提高控制精度，可将模糊控制和 PID 控制相结合，形成模糊 PID 控制，具有模糊控制和 PID 控制两者的优点。

随着先进机械制造、人工智能等技术的日益成熟，机器人研究的关注重点也从传统的工业机器人逐渐转向应用更为广泛、智能化程度更高的服务机器人。对于服务机器人，机械手臂系统完成各种灵巧操作是机器人操作中最重要的基本任务之一。其研究重点包括让机器人能够在实际环境中自主地、智能地完成对目标物的抓取以及拿到物体并完成灵巧的操作任务。这需要机器人能够智能地对形状、姿态多样的目标物体提取抓取特征，对机械手抓取姿态进行决策，对多自由度机械臂的运动轨迹进行规划，以完成操作任务。近年来，深度学习在计算机视觉等方面取得了较大突破，新的深度学习方法和深度神经网络模型不断涌现，可以最大限度地利用图像中的信息，使计算效率得到提高，能够满足机器人抓取操作的实时性要求。

5. 机器人智能交互

随着机器人技术的发展，机器人智能交互技术使得人们可以用语言、表情、动作或者可穿戴设备等与机器人进行自由的信息交流。

近年来，人们越来越多地利用虚拟现实技术创建智能机器人的工作环境，使用者可以身临其境地进行操作。各种虚拟现实的装置也不断被推出。对智能机器人进行控制的计算机需要有完善的人机接口，而且计算机需要理解人的语言文字。随着计算机技术的发展，人工智能在人机接口技术领域有了更多的应用，例如图像处理、文字识别等。人机交互将人工智能与机器人技术有机结合，使越来越多的机器人能够更合理、高效地服务于人类，并促进了人工智能技术的发展。

随着人工智能技术的迅猛发展，基于可穿戴设备的人机交互应用也逐渐改变人类的生产和生活。实现人机和谐统一将是未来的发展趋势。可穿戴设备是一类超微型、高精度、可穿戴的人机最佳融合移动信息系统，为可穿戴人机交互系统奠定了基础。基于可穿戴设备的人机交互系统由部署在可穿戴设备上的计算机系统实现，在用户穿戴好设备后，人机交互系统会一直处于工作状态。基于可穿戴设备自身的属性，主动感知用户的当前状态、需求以及环境，并且使用户对外界环境的感知能力得到增强。

机器人通过对动态情境的充分理解，完成动态态势感知，理解并预测协作任务，实现人和机器人互适应的自主协作功能。机器人需要对人的行为姿态进行理解和预测，继而理解人的意图，为人机交互与协作提供充分的信息。随着深度学习技术的快速发展，行为识别取得了突破性进展。近年来，有研究者利用 Kinect 视觉深度传感器获取人体三维骨架信息，根据三维骨骼点的时空变化，利用 LSTM 的递归深度神经网络分类识别行为，成为实现行为识别的有效方法之一。

11.3　智能无人装备

11.3.1　无人机

1. 无人飞行器定义与类型

无人飞行器一般被称为"无人机"，是"无人驾驶飞行器"（unmanned aerial vehicle，UAV）的简称。无人机是一种机上无人驾驶、由自动程序控制飞行和无线电遥控引导飞行、具有执行一定任务的能力、可重复使用的飞行器。它与其他类型的机器人类似，也可以通过人机协作或者一定的自主方式完成任务，因此，也是一种可以通过遥控或自主飞行完成一定任务的飞行机器人。

近 10 年来，随着军事和民用需求的不断扩大以及技术的飞速进步，无人机的种类越来越多。无人机按照功能主要分为军用无人机和民用无人机两大类，随着材料、控制及人工智能技术的飞速发展，无人机技术日趋成熟，这使其自主飞行控制成为可能。

在无人机领域，除了小型娱乐型个人无人机外，民用和军用无人机都有一套非常完整的系统，而不仅仅是简单的遥控器+无人机模式。一般来说，无人机系统由无人机平台、任务载荷、数据链、指挥控制、发射与回收、保障与维修等子系统组成。

2. 智能无人机

人工智能技术的应用使无人机与其他机器人一样，向着智能化方向飞速发展。图像识别、机器视觉、深度学习、强化学习等方法成为提升无人机智能性的重要技术，它们对无人机发展的影响主要体现在 3 个方面：单机智能飞行、任务自主智能、多机智能协同。

（1）单机智能飞行

单机智能飞行涉及环境感知与规避技术，包含传感器探测、通信和感知，以及信息融合与共享、环境自适应、路径规划等技术，涉及的很多问题都需要利用很多人工智能技术来解决。另外，智能飞行技术要解决开放性、自主性和自学习等方面的问题。

（2）任务自主智能

无人机任务自主智能和无人驾驶汽车的自主智能是异曲同工的，目的都是实现自主驾驶。例如，目前的无人机在执行任务时，还需要依靠技术人员通过屏幕远程操作，才能识别、跟踪目标，未来无人机如果能够自行识别、跟踪甚至打击目标，则其在军事应用方面将更具价值。

（3）多机智能协同

在多机智能协同执行任务的过程中，多个无人机之间需要相互通信、保持距离、编队或保持一定队形，甚至有时候还需要根据任务变化自行协同变更策略与飞行路径等。因此其在路径规划等技术方面和单机都是不一样的。多机智能协同更多地会借鉴鸽子、大雁等鸟类以及蜜蜂等昆虫的生物群体智能来实现一些群体协同功能。

11.3.2　无人车

功能型无人车颠覆传统汽车形态，不具有人类驾驶机构，构型多样灵活且创新多变，是汽车、互联网、机器人等产业交叉融合的新形态产物。作为智能网联车辆的重要组成部分，功能型无人车可自主执行物流、运输、配送、巡逻、零售、清扫、接驳、救援、侦察等各类功能型任务。功能型无人车关键技术与传统智能网联汽车的相通，但由于其自身特征，在车辆架构、功能任务设计、云端平台调度等核心技术上具有独特技术特点。

11.3.3　无人船

无人船是无人水面航行器（unmanned surface vehicle）的简称。广义的无人船是指一种可执行某类指定任务，并基于任务目的进行功能、性能设计的水面机器人；狭义的无人船则是指具有一定机动能力的水面自主、半自主、遥控搭载体。无人船由平台系统和任务载荷系统组成，两系统之间通过通用接口进行集成。无人船的核心技术与海洋技术领域的核心技术是一致的，实质就是围绕任务目的、载荷原理、使用环境特点，以应用开发、功能开发为主体的系统设计，其关键技术主要包括以下几个方面：特型平台设计技术、强扰动环境下的运动控制技术、通信技术。作为一种水面自主平台，搭载相应任务载荷的无人船相对传统载人船而言，其优势在于灵活机动、安全、隐蔽性强、运维费用低，未来发挥作用的场景主要包括以下 3 种：①代替从业者执行劳动强度大、安全风险高的工作；②代替从业者执行重复性、长周期的工作；③取代部分施工成本高、人力投入大的工作模式或方法。

　　随着未来无人船相关领域的发展，其技术成熟度会逐渐加深，应用范围逐渐扩展，尤其是在深远海调查、工程领域，无人船将逐步取代部分常态化观测、监测、支持技术，转化为海洋调测、海洋工程的一种常规手段，同时系统具备完全独立、完整的作业能力，传统海洋作业模式将发生翻天覆地的变化。

11.4　小　　结

　　机器人学的研究推动了许多人工智能思想的发展。机器人是一个综合性的课题，除机械手和步行机构外，还要研究机器视觉、触觉、听觉等传感技术，以及机器人语言和智能控制软件等。智能机器人技术是涉及精密机械、信息传感、人工智能方法、智能控制以及生物工程等的综合性技术。智能机器人的广泛应用有利于促进各学科的相互结合，并大大推动人工智能技术的发展。

智能机器人拓展阅读

思考题

11.1　机器人具备哪些方面的智能？主要体现了人工智能哪些方面的水平和技术？

11.2　什么是智能机器人？它与一般的工业机器人有什么区别？

11.3　提升机器人智能水平的途径和方法有哪些？

*第12章
智慧航空

人工智能作为一种通用目的技术，为保障国家网络空间安全、提升人类经济社会风险防控能力等方面提供了新手段和新途径。航空领域是人工智能较早进入的领域之一，随着信息技术的发展，人工智能在航空领域已呈逐步普及之势。

随着经济的发展和社会生活节奏的加快，航空业得到了空前的发展；与此同时，航空服务对象也由最初的旅客和货物扩展到农业、海洋监测和抢险救灾等众多领域。各大航空公司竞相通过自身研发与交流、合作降低服务成本并提高服务质量。

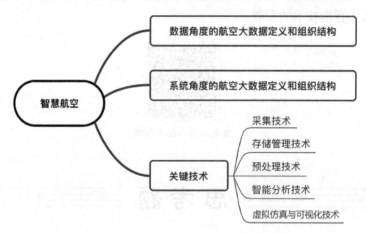

12.1　数据角度的航空大数据定义和组织结构

中共中央、国务院印发的《扩大内需战略规划纲要（2022－2035年）》中提到："加快建设信息基础设施。建设高速泛在、天地一体、集成互联、安全高效的信息基础设施，增强数据感知、传输、存储、运算能力。加快物联网、工业互联网、卫星互联网、千兆光网建设，构建全国一体化大数据中心体系，布局建设大数据中心国家枢纽节点，推动人工智能、云计算等广泛、深度应用，促进'云、网、端'资源要素相互融合、智能配置。"

　　航空系统的正常运转需要其中的元素（实体）相互通信、彼此协作，其中的卫星、航空器、机场、顾客、航空公司、航空器制造公司和航空地面站等通过数据通信而协调有序运行。从数据角度而言，航空大数据是航空系统本身和由之在应用领域产生以及延伸的大数据。例如，航空器本身的运维、航空运输对象、航空公司、服务对象和航空经济等。图12.1展示了数据角度的航空大数据的组织结构。可以看到，数据角度的航空大数据由航空器大数据，机场大数据，空管大数据，航空企业人员、管理、设备和营销的大数据，应用领域（服务/对象）的大数据和延伸的大数据这6部分组成。

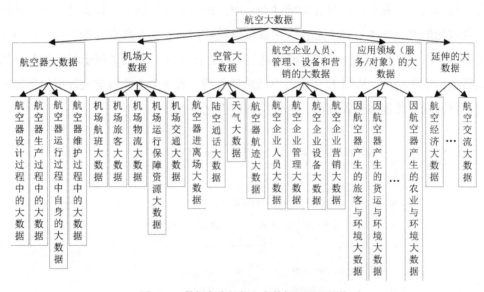

图12.1　数据角度的航空大数据的组织结构

　　从上述组织结构可以看出，数据角度的航空大数据除了具有大数据的"5V"特征外，还拥有自己的特性。

　　（1）从行业角度看，航空大数据具有保密性。例如，客户数据、航空器飞行数据等都具有较高的行业商业保密性。

　　（2）从空间角度讲，航空大数据可来自空、天、地这3个维度，具有广域性。

　　（3）从时间角度看，航空系统的动态性和高安全性需求使数据角度的航空大数据具有鲜明的高实时性特征。

　　（4）来源多样的航空大数据交织在一起，而且易受环境和人为因素的影响，表现出超高复杂性。

12.2　系统角度的航空大数据定义和组织结构

中国民用航空局印发的《关于民航大数据建设发展的指导意见》中提到：民航大数据建设的总体目标是建立全域整合、安全高效、开放共享、创新活跃的民航大数据体系，有力推动民航监管精准化、运行高效化、服务智能化和治理现代化，不断夯实智慧民航建设的战略基石，成为数字中国建设的先行引领和创新示范。

目前，航空大数据自身的获取比较容易，而航空大数据的处理平台构建相对较难。因此常说的航空大数据日益具有系统性的一面。系统角度的航空大数据是一个完整的体系，既包括航空系统本身和由之在应用领域以及延伸产生的大数据本身，也包括与之相关的硬件平台、智能处理技术和虚拟仿真与可视化技术等。图 12.2 展示了系统角度的航空大数据的组织结构。从图 12.2 中可以清晰地看到，系统角度的航空大数据包括基础架构层、资源层、数据解析管理层、分析层和可视化层等。

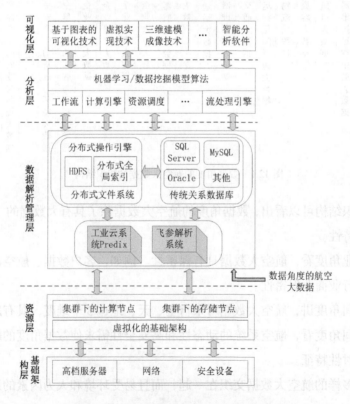

图 12.2　系统角度的航空大数据的组织结构

12.3　关　键　技　术

航空大数据的复杂多源性和不同层次与应用面向的决策者对航空大数据分析需求的多样性，造成了航空大数据技术的多样性。根据航空大数据处理过程，将航空大数据关键技术分为航空大数据采集技术、航空大数据存储管理技术、航空大数据预处理技术、航空大数据分析技术和航空大数据虚拟仿真与可视化技术。图 12.3 展示了航空大数据关键技术的组织结构，其中一些技术又包含不同的具体技术。

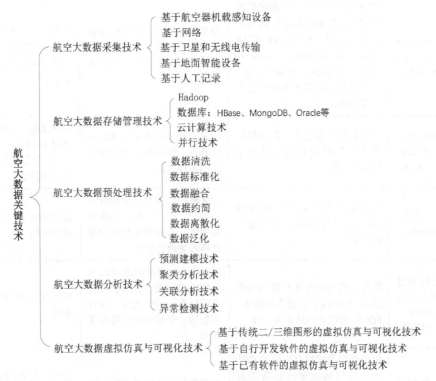

图 12.3　航空大数据关键技术的组织结构

12.3.1　采集技术

获得航空大数据是进行航空系统状态分析的前提，而且航空大数据的质量也对分析结果产生至关重要的影响。因此，航空大数据采集技术是航空大数据的关键技术之一。到目前为止，航空大数据采集技术可粗略地归纳为以下 5 种。

1. 基于航空器机载感知设备的航空大数据采集技术

航空器通常需要在空中完成作业，因此利用机载感知设备监控航空器的状态是非常重要的。航空器机载感知设备主要包括传感器、摄像头和智能终端仪表等。基于机载传感器的航空大数据采集系统主要包括快速记录存取器、飞行数据记录器、驾驶舱语音记录器、飞行数据管理系统和应用性机载摄像头等。表 12.1 列出了基于航空器机载感知设备的主要航空大数据采集工具。

表 12.1　　　　　　　基于航空器机载感知设备的主要航空大数据采集工具

名称	技术原理	功能	特点
快速记录存取器（quick access recorder, QAR）	按 ARINC 747 规范通过传感器把飞行数据存储在可擦写式磁光存储器、磁带、PCMCIA（Personal Computer Memory Card International Association，个人计算机存储卡国际协会）卡等设备上	较长时间监控和记录航空器飞行过程中位置、运动、操作和告警等多种飞行参数和数据	取换方便、存取量大；不可循环记录，没有抗坠毁保护功能，可连续记录几百小时
飞行数据记录器（flight data recorder, FDR）	依据参数规将飞行数据存储在半导体存储器或集成电路（芯片）里	记录飞行过程中航空器的飞行状态、操纵状态和发动机等的多种数据	不便读取，可累积记录25 小时，具有一定抗冲击、耐高温和抗化学腐蚀的保护能力
驾驶舱语言记录器（cockpit voice recorder, CVR）	与普通磁带录音机的原理相似，磁带周而复始，不停地洗旧录新	记录舱内机组与空中交管中心通话、机组内话、机舱环境噪声、机组操作声音和警告声音等语音信号	仅可记录 30 分钟，记录时间短
飞行数据管理系统（flight data management system, FDMS）	集发动机状态参数分析与处理技术、FDMS 传感器探测技术、FDMS 数据处理技术为一体	监视飞行、单机状态追踪和飞机维护诊断等，实时收集飞行过程中的发动机、飞行控制器、导航和供电等各项数据	多用于军用飞机或战斗机
应用性机载摄像头	将由景物通过镜义生成的光学图像投射到图像传感器表面上，再由 A/D 转换将电信号转换变为数字信号，再送到数字信号处理芯片中加工处理	以图像的方式记录不同应用场景下的航拍数据	在气象卫星、海洋卫星和航空农业等领域应用较多

2. 基于网络的航空大数据采集技术

航空领域是由多个不同的子领域组成的，如航空制造领域、航空旅客领域和航空货运领域等。网络上有许多与这些子领域相关的客户信息（包括客户的评价与反馈和客户的偏好等），与之相应的大数据可通过基于网络的航空大数据采集技术来获得。具体来讲，基于网络的航空大数据采集技术主要采用某种网络爬虫技术或网站公开 API 等方式从某些特定网站上获得航空大数据。其中，网络爬虫本质上是按照设计的抓取策略自动抓取万维网信息的程序或者脚本。目前常用的抓取策略有宽度优先搜索、深度优先搜索和最好优先搜索等。常用的开发网络爬虫的语言有 PHP、C++、Java 和 Python 等。

3. 基于卫星和无线电传输的航空大数据采集技术

基于卫星和无线电传输的航空大数据采集是指利用卫星和无线电通信技术在航空器和地面人员之间实行双工通信，获得飞行员、天气状况等方面的航空大数据。例如航空器通信寻址和报告系统是一种通过无线电或卫星在航空器和地面站之间传输报文的代表性数字数据链系统。

4. 基于地面智能设备的航空大数据采集技术

航空器在起降和飞行过程中都要实时地和地面智能设备通信，在此期间和机场有着千丝万缕的联系。机场有塔台、观测站、雷达、导航仪、通信发射架和空域检测仪等，这些设备也可产生航空大数据。基于地面智能设备的航空大数据采集通常是由地面安装的智能设备或地勤人员通过便携式设备现场收集航空大数据。

5. 基于人工记录的航空大数据采集技术

航空领域中的一些大数据是通过长时间的现场人工记录获得的，如航空器相关设备耗损的记录、相关人员每天的工作记录和相关设备制造时的异常情况记录等。由该采集技术获得的数据通常在统一汇总后录入相关的信息管理系统。

12.3.2　存储管理技术

作为大数据家族中的一员，航空大数据通常也采用基于分布式架构的存储技术。具体来讲，以 Hadoop 中的 HDFS（Hadoop distributed file system，Hadoop 分布式文件系统）为基础，依托存储大数据的数据库和传统关系数据库建立航空大数据平台，实现对各类航空数据的存储和管理。航空大数据的复杂多源性决定了所用数据库的非单一性：既需要专门用于海量的半结构化、非结构化数据的数据库 HBase、MongoDB 和 Redis 等，充分利用其高性能、高可靠和低成本的优势；又要利用 Oracle 和 MySQL 等传统数据库来存储分析结果和结构化的航空大数据，充分利用其灵活、快速、复杂的统计分析功能。

图 12.4 展示了基于 Hadoop 的航空大数据存储，可以看到：采集到的复杂多源的航空大数据首先输入处理结构化数据的 Sqoop 和处理半结构化与非结构化数据的 Flume；然后，非实时数据流经 HDFS 存储到关系数据库或非关系数据库中，实时性数据流以消息的形式暂存到 Kafka 的消息队列中，继而将其输入给 Storm，最终存储到数据库中。

ZooKeeper 为分布式集群环境下的节点提供管理协调服务。图 12.5 详细展示了 HDFS 主从结构：HDFS 主节点——名称节点（NameNode）管理若干个数据节点（DataNode），每个数据节点中的数据块是从（机房里）存储盘节点（node）上获取的；HDFS 从节点是主节点的备份，能提高 HDFS 的抗灾容错性能。

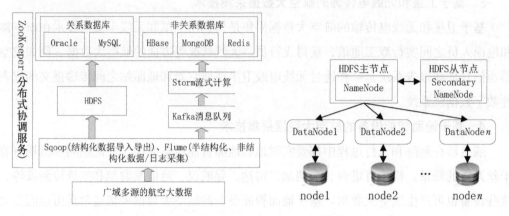

图 12.4　基于 Hadoop 的航空大数据存储示意　　图 12.5　HDFS 主从结构示意

12.3.3　预处理技术

航空大数据的来源较多，如航空器、航空公司、机场和服务对象等，因此航空大数据的形式和组织格式是多样的。另外，航空大数据采集时因受环境和记录时况的影响而呈现出噪声大和部分值缺失的现象。更进一步地，航空大数据的分析往往需要多种数据的融合。在此背景下，航空大数据的预处理就显得非常重要。航空大数据预处理的基本步骤如下。

（1）数据清洗，是对航空大数据的初步预处理，主要包括以下几个操作：

① 删除有缺失值的记录或者对其进行均值填充或随机填充；

② 通过分箱、聚类和回归等技术降低航空大数据中的噪声；

③ 通过聚类等技术检测出离群点并删除。

（2）数据集成，指将来自不同数据源的数据整合到统一的数据集中，以便进行后续的清洗、转换和分析。

（3）数据离散化，通过采用等距、等频和监督的离散优化等方法将航空大数据中的某些属性值映射到区间或概念标号上。例如，采用等距法将航班延误时间映射到相应的区间上。

（4）数据约简，通过数据立方合计、维数消减、数据压缩和数据块消减等技术，得到航空大数据集的约简表示。约简后的数据集既要有较小的规模，又要保持原有数据集的完整性。

（5）数据修正，指对数据中的错误、缺失或不一致等问题进行纠正和修复的过程。数据修正的目标是使数据更加准确、完整和一致，为后续的数据分析和建模提供高质量的数据基础。

（6）数据转化，目的是提取有用的信息、改善数据质量和适应机器学习或统计建模的需求。通过数据转化，可以使数据更加适合进行模型训练、特征分析和预测等任务。

12.3.4　智能分析技术

航空大数据的多源性、异构性、多样性和航空决策服务人员需求的多层次性决定了航空大数据的分析技术是多种多样的。从计算机技术与数学的角度看，航空大数据分析技术可粗略地分为预测建模技术、聚类分析技术、关联分析技术、异常检测技术、虚拟仿真与可视化技术等，下面对其进行逐一详述。

1. 预测建模技术

在航空大数据领域中，预测性分析航空器件、服务对象和环境等的状态变化对航空器的维护、飞行安全的保证、服务精准度的提高、运营成本的降低和竞争力的提高都是非常重要的。因此，预测建模技术在航空大数据技术中占据着十分重要的地位。航空大数据的预测建模技术主要有经典分类模型、深度神经网络模型、数学模型、增强学习和新建模型等。

2. 聚类分析技术

聚类是将数据对象集中相似的对象组成多个簇的过程，因具有无须先验知识的特性而在航空大数据分析中得到了研究和应用。到目前为止，航空大数据分析中经常用到的聚类分析算法有 k 均值聚类、层次聚类和谱聚类等。

3. 关联分析技术

利用关联分析技术可在表征客户、航空电子设备和航班等的相关记录中挖掘出有价值的频繁模式或关联规则，因此关联分析技术在航空大数据分析中有着重要的应用。斯滕伯格（Sternberg）等人将频繁模式用于巴西航班延误分析：首先利用概念映射、分段和时间融合等将数据集转化为易于挖掘频繁模式的形式；然后采用 Apriori 算法搜索频繁模式，并过滤掉不感兴趣的频繁模式。但是 Apriori 算法因需不断扫描数据库而表现出较低的执行效率。侯熙桐将基于多维关联规则的 Apriori 算法用于民航事故数据的挖掘：首先针对民航事故数据的多类多样性和层次复杂性，设计了包括单维关联规则、维间关联规则和混合维关联规则的多维关联规则策略；然后利用 Apriori 算法时选择某一层次的数据作为挖掘对象，其余层次的数据不参与挖掘，同时在产生频繁规则集的过程中使用剪枝策略。

4.异常检测技术

航空系统是一个既复杂、庞大又精密的系统，涉及航空器、各种地面设备、工作人员和客户等。航空系统的异常给航空公司带来的损失往往是巨大的。因此，航空系统迫切地需要面向航空大数据的异常检测技术。到目前为止，航空大数据异常检测技术可大致分为以下 3 类。

（1）基于模型的航空大数据异常检测

基于模型的航空大数据异常检测首先根据数据建立模型，再通过模型判断数据对象是否异常。这类技术在航空大数据异常检测中得到了较多的应用。

（2）基于邻近度的航空大数据异常检测

基于邻近度的航空大数据异常检测是在定义对象之间邻近度的基础上找出远离大部分对象的对象。常见的聚类算法是这种异常检测技术的代表。

（3）基于密度的航空大数据异常检测

基于密度的航空大数据异常检测将局部密度显著低于它的大部分邻近的数据对象视为异常点。密度聚类是该类异常检测技术的代表。

12.3.5　虚拟仿真与可视化技术

航空大数据虚拟仿真与可视化技术既能服务于航空器器件和系统的设计、制造和测试，又可为事件分析、机务维修、理解运营状况、制定决策、提升旅客的感知理解提供支持。因此，航空大数据虚拟仿真与可视化技术也引起了研究者和航空系统的重视。航空大数据虚拟仿真与可视化技术可分为 3 种：

（1）基于传统二/三维图形的虚拟仿真与可视化技术，利用传统的二/三维图形来展示航空大数据及其分析结果；

（2）基于自行开发软件的虚拟仿真与可视化技术，是基于某种程序设计语言和已有软件自行研发出的新虚拟仿真与可视化软件技术；

（3）基于已有软件的虚拟仿真与可视化技术，直接利用已有软件进行航空大数据及其分析结果的可视化呈现。

12.4　小　　结

　　本章从数据和系统两个角度给出了航空大数据的定义和组织结构，并对其进行了系统的阐述，对智慧航空中用到的关键技术，如采集技术、存储管理技术、预处理技术等进行系统介绍，分析和总结智能分析技术、虚拟仿真与可视化技术在智慧航空领域的应用。未来人工智能技术在智慧航空的自动执行、自主决策、预测分析等方面，如构建感知体系、提升运营效率、模拟支持和不断优化重要决策，以及实现航空公司业务全局的互通互联和高效协同等会进一步加强。

智慧航空拓展阅读

思 考 题

12.1　论述数据角度航空大数据的组织结构及特征。

12.2　简述系统角度航空大数据的组织结构。

12.3　航空大数据预处理的基本步骤有哪些？

12.4　航空大数据关键技术主要有哪些？

12.5　简述智能分析技术的应用。

第13章
智慧生态保护

　　智慧生态保护是利用现代信息技术和数据采集技术，对自然生态环境进行监测、分析和评估，以智能化、精准化、科学化的方式实现对生态环境的保护。智慧生态保护包括多项措施，例如，在保护野生动物方面，采用智能化监测系统和传感器技术来实时监控野生动物的活动情况；在水资源保护方面，实施在线监测和数据分析，以识别并解决水污染问题；在土地资源保护方面，采用卫星遥感技术和数据挖掘方法，进行土地利用的动态监测和分析。总体来说，智慧生态保护是推进生态文明建设的必要途径，可以更好地保护自然生态环境，实现生态与经济的协同发展。

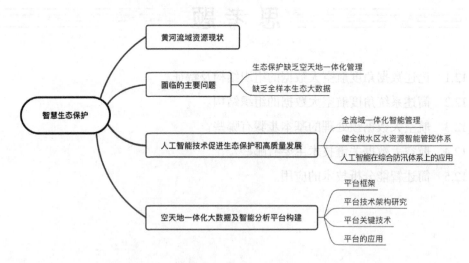

13.1　黄河流域资源现状

　　黄河流域是我国重要的经济地带，拥有丰富的自然资源和人文资源。

水资源：黄河是我国第二长河，为黄河流域提供了宝贵的水资源。然而，由于气候干旱和人类活动的影响，黄河水资源相对紧张。水资源供需矛盾突出，部分地区存在水资源短缺的问题。

土地资源：黄河流域拥有广阔的农田和肥沃的土地，是我国重要的农业基地之一。农业发展是黄河流域的重要支柱产业，但不合理的农业活动和过度开发会导致土地沙化和水土流失等环境问题。

矿产资源：黄河流域蕴藏着丰富的矿产资源，包括煤炭、石油、天然气、铁矿石、石灰石等。这些矿产资源对区域经济发展和工业生产起到重要支撑作用。

生物资源：黄河流域拥有多样的生物资源，包括植物、动物和微生物等。流域内的湿地、森林、草原等生态系统孕育了丰富的物种，具有重要的生态价值和保护意义。然而，生物多样性面临着退化和丧失的风险。

文化资源：黄河流域是我国古代文明的发源地之一，拥有悠久的历史和丰富的文化遗产。黄河流域的文化资源包括古代遗址、文物、传统工艺等，对于研究和传承中华文化具有重要意义。

13.2　面临的主要问题

13.2.1　生态保护缺乏空天地一体化管理

空天地一体化管理是指在生态保护过程中，综合运用空间技术（如卫星遥感等）、航空技术和地面监测手段，全面监测、评估和管理生态环境。以黄河流域为例，生态保护存在的主要问题如下。

一是监测手段单一。目前，黄河流域的生态监测主要依赖传统的地面监测手段，如野外调查、设立站点监测水质等，缺乏高效、全面的监测手段。缺乏空间技术和航空技术的应用限制了对流域范围的全面监测和数据获取工作的开展。

二是数据获取和更新不及时。传统的地面监测手段无法实现对大范围和复杂地貌的快速监测，难以及时获取准确的生态环境数据。缺乏及时、连续的数据支持，限制了科学决策和精细化管理能力的提升。

三是缺乏空间信息整合与分析。黄河流域的空间信息数据较多，包括遥感影像、地理信息系统数据等，但缺乏统一的数据整合和分析平台。缺乏空间信息的综合分析和应用，限制了生态保护工作的科学性和精确性。

四是协调管理不足。由于缺乏空天地一体化的管理机制，相关部门之间的协调与合作存在一定的障碍。缺乏整体规划和统一管理的机制，导致生态保护工作的协同性和效率受到一定的制约。

五是流域内水污染产生与消减不平衡，治理跟不上排污速度。黄河流域地形地貌复杂多样、水资源分配不均，一些地区过度开发水资源导致水污染加剧，特别是尾矿、工业排污和生活废水无序排放问题较为严重。

随着互联互通的发展，实行全流域在线管理、在线调度、在线办公、在线监控的空天地一体化管理，加速黄河流域的生态恢复，才是保障黄河流域的可持续发展的必由之路。

13.2.2　缺乏全样本生态大数据

较其他行业大数据，生态环境大数据涉及地理信息广，即涉及空间段、天际段及地表段全方位地理空间数据集，是黄河流域物理空间到数字空间的映射和提炼。生态环境大数据不仅具有一般大数据的基本特征，还具有地理时空性特征。生态保护相关的数据类型、采集方式和主要内容，如表 13.1 所示。

表 13.1　　　　沿黄河流域生态相关的数据类型、采集方式和主要内容

数据类型	采集方式	主要内容
遥感监测数据	卫星遥感；生态环境无人机监测系统	河势、地形、植被
地面监测数据	流域水库在线监测系统	空气质量、水文、水质、噪声等
人工监测数据	互联网；移动 App	人工巡检信息
辅助数据	行业标准	解译规则集数据

目前，将大数据技术应用于生态保护存在以下问题：①多元立体感知能力欠缺，生态环境无人机监测系统数量较少，应急、机动监测能力不足，地面监测方面规模化、常态化监测很少；②全要素监测能力薄弱，大部分是对单一生态要素的监测，未将多个生态要素的监测数据整合并应用起来，势必导致所获取的数据不全面，挖掘出的知识不系统；③流域环境监测数据的共享、整合、应用能力不足，不同系统各自分散独立建设，缺少统一规划、统一建设、统一部署；④深层次知识挖掘水平较低，对生态环境大数据的利用水平较低，大部分只是用来做一些简单的统计和报表，较少利用大数据技术结合业务模型从海量数据中挖掘隐藏在其中的各种知识、洞见。

13.3　人工智能技术促进生态保护和高质量发展

13.3.1　全流域一体化智能管理

黄河生态系统是一个有机整体，其治理需要从上、中、下游统筹考虑。黄河流域是空天地一体化的多元素组成的空间结构，它不再是单一的社会或者生态环境治理，而是基于黄河流域的整体性、系统性和协同性的治理共同体。首先，要实现全流域一体化管理。通过采集黄河流域全域天、地、空域信息，对黄河流域进行空天地一体化管理。利用智能设备替代传统设备，可以实时采集数据，起到项目跟踪、项目核验、项目评估的智能化处理作用。其次，建立智能水土保持管理体系。用数据挖掘的方式分析水土流失的因素，人为干扰水土流失因素，从而有效遏制水土流失面积的扩大以及减少黄河下游洪涝、泥石流灾害的发生。利用数据分析，得知哪些地区降水量多，适合种植耐雨水的植物；哪些地区降水量少，适合种植耐旱的植物。最后，在污染治理方面，监控黄河流域的重点排污企业。监控排污口，利用物联网、传感器技术对水质进行检测监控。

13.3.2　健全供水区水资源智能管控

黄河水资源有限，要做到以水定城、以水定地、以水定人、以水定产，仅这一个"定"字就注定了水资源的分配离不开新一代信息技术作为辅助。水资源先天不足与水生态失衡的状况，是流域大部分地区协调生态与经济、社会发展关系的关键制约因素，只有破解这个最大刚性约束，才有望助力生态保护和高质量发展。首先，构建相应的水资源保护技术体系。利用人工智能和物联网技术分析水量在区域、产业之间如何分配，是否达到最佳分配，有没有资源浪费、分配的水资源有没有实现预期效益等情况。利用人工智能技术掌握用水的规律、水量的分配情况，可以结合生态环境更科学地分配水量，做到水资源科学分配，继而保障流域经济和社会发展对水资源的需求、流域生态健康对水资源的需求，以及提高产业用水和城镇生活用水的效率。其次，建立水域水资源的预警机制，利用新一代信息技术对于水资源开发和利用处于临界状态的区域及时进行预警。同时建立许可水量动态调整机制，推动区域内的水权转让与交易。

13.3.3　人工智能在综合防汛体系上的应用

洪涝灾害依然是人类面临的主要自然灾害。据联合国统计，洪涝灾害发生次数约占全部自然灾害发生次数的三分之一。

在监测洪涝灾害方面，遥感技术和人工智能技术结合是可行的。2021年6月30日，一套被称为"世界洪水"（world floods）的人工智能洪水监测系统，由意大利航空航天企业D-Orbit公司搭载"猎鹰9号"从卡纳维拉尔角发射升空。"世界洪水"系统旨在通过卫星遥感和人工智能技术，提供近实时的地形图并突破技术障碍，加快人类对洪涝灾害事件的反应速度。该系统采用先进的人工智能算法，使数据能够在卫星上得到处理。这种星载处理解决方案通过深度神经网络技术对大图像进行分析处理，转换成数据量较小的最终产品来减少传输量。

人工智能可以广泛应用于防洪抗灾。谷歌曾利用降雨、河流水位、洪水模拟等数据，利用机器学习创建过预测模型，可以使系统"效率提高一倍"，还能向人们提供有关洪水深度等信息。美国切萨皮克（Chesapeake）保护协会也曾在微软和佛蒙特大学的帮助下，开发出一种人工智能地图，并用来预测和应对洪水。2020年8月，阿里巴巴达摩院曾升级遥感人工智能技术，开发出应用于防汛的水体识别算法，支持水利部相关监测与分析工作。在重点超警戒水位区，处理影像数量比平时提升5倍，影像分析速度提升百倍。

在洪水应急监测中，目前已经实现卫星遥感、无人机监测、导航定位和地面水文监测站等多种监测手段的综合使用，人工智能是其中一个重要的手段。

13.4　空天地一体化大数据及智能分析平台构建

黄河流域的生态保护和高质量发展涉及多部门、多学科、多因素，过程较复杂、指挥调度困难，需要处理海量的水文泥沙、气象气候、地质地貌、植被生物、土壤水质以及经济社会等多尺度异构数据，这无疑为黄河流域的生态监测、水土治理、产业发展等一系列生态保护和高质量发展措施加大了难度。从现实的数据产生、技术发展看，未来10年，全球空、天、地部署的数百万传感器每日获取的观测数据将超过10PB。面对海量的生态环境监测数据，传统的数据处理理念、方法、工具和技术根本无以应对，必须采用大数据的理念、方法、工具和技术。

13.4.1　平台框架

平台的数据探测与采集面对的是多部门、多系统数据融合，现实中各行业数据标准格式以及技术路线是不统一的，各部门面临数据割据的局面，导致出现不同程度的"数据孤岛"，数据之间没有实现共享，这也是制约人工智能应用的显著问题。为保护沿黄河流域的生态，促进两岸的经济高质量发展，平台框架设计如图 13.1 所示。

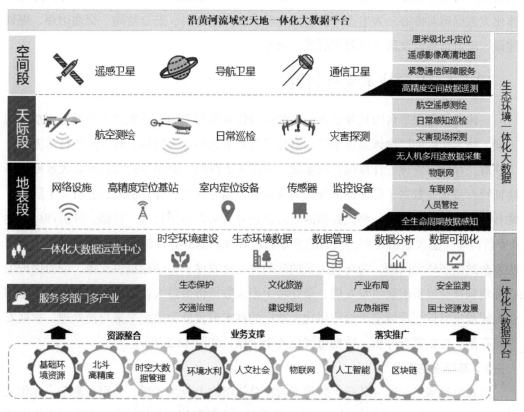

图 13.1　沿黄河流域空天地一体化大数据平台框架设计

建设平台的目的是实现生态环境综合决策科学化、生态环境监管精准化、生态环境公共服务便民化。第一，应该基于先进的物联网技术，融合 5G 网络通信手段，构建空天地一体化网络。沿黄河流域从空间段、天际段到地表段的数据采集，在水文泥沙、土壤土质等数据的采集中利用智能传感器进行数据传输。第二，空天地一体化大数据是针对某个研究对象或者具体范围，由空、天、地设备协同探测与采集的多源多模大数据及相关的综合分析技术。平台的建设需借助大数据技术对多源异构数据进行大数据存储管理、数据分析与挖掘、数据可视化。第三，建立一体化的智能分析系统，开展沿黄河流域植被遥感影像的自动识别与标注、数据综合分析与数据挖掘算法、动态环境监测技术、智能算法模型库构建等关键技术研发，构建以"数据、分析、服务、价值"为驱动的平台，为解决沿黄河流域治理相关问题，提供相应的数据、服务、调度、预测、决策等一系列支持。

平台总体规划是基于物联网、人工智能、区块链等新一代信息技术，以环境水利、人文社会为业务支撑，整合基础设施资源、时空大数据资源、北斗高精度资源，建立一体化大数据运营中心，为生态保护、文化旅游、产业布局、安全监测、交通治理、规划建设、应急指挥以及国土资源发展提供服务。

13.4.2　平台技术架构研究

一体化大数据平台因其要处理的大数据的数据类型不同，采取的大数据处理技术的不同，技术架构的层次体系也不同。赵芬等针对生态环境大数据，将大数据技术流程分为获取、存储与管理、计算模式与系统、分析4个阶段。舒田等针对石漠化大数据，将喀斯特石漠化大数据平台处理流程分为获取、存储与管理、计算模式、分析4个阶段。常杪等针对生态大数据，将大数据的处理流程分为采集与预处理、存储、分析和可视化4个阶段。生态大数据处理的核心思想是利用各种数据的有机结合、计算、分析，去解决复杂的生态环境问题，为环境决策的准确性、时效性、科学性提供支撑，助力保护生态环境和社会经济的高质量发展，最终将生态大数据价值最大化。本小节基于大数据的常规流程将沿黄河流域空天地一体化大数据的技术流程分为数据采集与预处理、数据安全与存储、数据智能分析、数据可视化4个阶段，如图13.2所示。

1. 基础设施平台

沿黄河流域空天地一体化大数据平台在总体架构上分为5层，分别是基于一体化大数据网络和IT基础设施服务的基础层、采集层、大数据层、分析层和呈现层。作为大数据平台的运行基础，基础层为沿黄河流域空天地一体化大数据平台提供有力的软硬件基础设施支撑。基础设施平台中硬件资源包括处理数据的计算机、通信网络和存储设备，软件资源包括操作系统、数据库管理系统以及中间件等。采集层主要是对生态大数据进行采集、预处理，它是大数据平台的数据支撑层，是数据分析的前提条件。大数据层包括数据安全与数据存储，数据存储方便数据的检索，数据在传输、处理、存储时候的易受到数据泄密、篡改等安全威胁，保障数据安全即保障沿黄河流域空天地一体化大数据平台系统的可靠性,最终使数据最大价值化。分析层是大数据平台的核心部件,运用大数据挖掘、机器学习、建模分析等手段,对数据充分挖掘,最大限度地开发数据这座"矿产",为政府、科研机构提供更多的规律、现象、决策依据。呈现层是数据价值的体现,一般采用图表等数据可视化形式展示数据的形态,或者在真实场景虚拟仿真的基础上具现化数据的虚拟现实技术的形式为用户提供所需的服务。

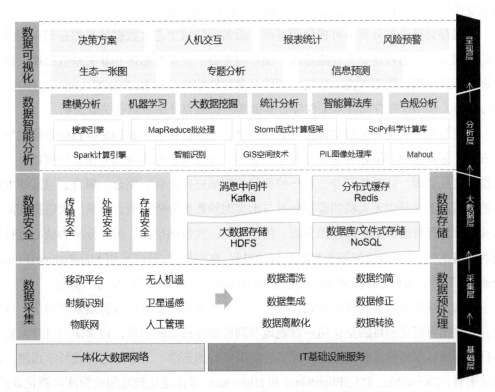

图 13.2　沿黄河流域空天地一体化大数据平台总体架构

2. 技术路径

沿黄河流域空天地一体化大数据的采集主要对空、天、地 3 个时空领域进行采集。其中空间段的采集数据主要是卫星遥感和卫星定位数据,主要来自国产卫星影像云服务平台的分发点,通过 GIS(geographic information system,地理信息系统)空间技术分析地表信息的变化,例如沿黄河两岸地表植被覆盖率、建筑占地、防护林面积等指标的变化。天际段的采集数据主要是无人机巡航数据、遥感数据、航空测绘数据等,通过一体化测图系统将天际段采集的数据变化信息与空间段采集的基础信息相匹配、拼接、匀色以及正射处理等,可实现局部区域在任意时间段的数据得到增量更新,弥补了卫星数据周期长、费用高的不足。这种增量处理方式也促进了空天地一体化的数据采集的协同处理。地表段的采集数据主要通过物联网、移动平台、人工管理等方式，通过地面气象站、环境监测网络、部门的存活系统，采集多源异构数据，如地面监测数据、社会统计数据，再融合处理。

数据预处理是指在数据深度挖掘前，对原始数据进行必要的清洗、集成、离散化和归约等一系列的处理工作，从而达到数据分析算法和工具所要求的最低规范和标准。目前主要使用的数据预处理工具有 DataFlux、DataStage、IPC 等。

数据存储是数据分析与可视化的基础，沿黄河流域生态大数据的数据存储采用分布式的存储方式，通过建立文件服务器、图片服务器、关系数据库和非关系数据库，确保数据的持续可用、快速查询。比较常用的开源存储技术包括 Hadoop Common、HDFS、HBase 等，利用这些存储技术来保障数据的实时提取以及多点数据关联分析。

数据智能分析主要包括多源多模数据融合、大数据智能计算和多维目标智能识别 3 个方面。多源多模数据融合主要针对静态数据的批处理、在线数据的流式处理以及三方数据的交互处理，针对各行业、各环控部门的数据进行组合、整合、聚合，以发挥大数据的价值。例如利用无人机的监控数据与水文泥沙数据分析黄河含沙量。大数据智能计算和多维目标智能识别是以建模分析、机器学习、大数据挖掘、统计分析为核心进行数据的价值挖掘、目标自动识别等智能分析的过程。在框架层，可以采用 MapReduce、Storm、Spark 等工具。在科学计算库中，可以采用 NumPy、Pandas、SciPy 等工具包。

数据可视化是数据的呈现方式，通过交互可视界面，使数据分析结果透明化、具象化。大数据可视化的目的是让用户直观地看到智能分析后的结果，检索用户自身需要的项目，解决自身的需求和问题，为方案决策提供数据支撑、为态势走向做科学预测。从目前来看，ChronoViz、D3、FlightGear 和 Highcharts 等都是比较常用的智能可视化软件。

13.4.3　平台关键技术

1. 大数据探测与采集技术

获取生态大数据是建立空天地一体化大数据平台的前提，数据采集的质量对数据分析的结果将产生直接影响。因此生态大数据的采集技术是大数据平台的关键技术之一。下文从空域、天域、地域 3 个方面分析了大数据的探测与采集。

（1）空域大数据的探测与采集

空域大数据的探测与采集主要通过卫星获取，根据用途的不同卫星可以分为遥感卫星、导航卫星、通信卫星。遥感信息的获取通过大量搭载了全色、多光谱、高光谱传感器的遥感卫星来完成。其中，全色图像、多光谱图像、高光谱图像的分辨率如表 13.2 所示。国内的卫星中高分一号卫星（GF-1）是 2013 年发射的，搭载有 2m 空间分辨率全色相机、8m 空间分辨率多光谱相机以及 16m 空间分辨率多光谱宽幅相机，主要用于陆地检测、环境监测，利用此类遥感卫星为沿黄河流域的地理测绘、气象气候监测、水文泥沙含量监测提供数据支撑。国外遥感卫星中地球观测一号卫星（EO-1）是 2000 年发射的，区别于传统的最多提供 7 个多光谱波段的陆地资源卫星，EO-1 卫星搭载了高光谱成像仪 Hyperion、高级陆地成像仪（Advanced Land Image，ALI）以及大气校正仪（Liner Etalon Imaging Spectrometer Array Atmospheric Corrector，LEISA）。

表 13.2　　　　　　　　全色图像、多光谱图像、高光谱图像的分辨率

类型	分辨率	应用传感器示例
全色图像	空间达米级	全色相机，含 1 个波段，光谱覆盖长度 450.900nm
多光谱图像	光谱达微米级	多光谱成像仪（multispectral imager，MSI），含 13 个波段，光谱覆盖长度 400.2400nm
高光谱图像	光谱达纳米级	高光谱成像仪 Hyperion，含 242 个波段，光谱覆盖长度 400.2500nm

空域大数据可以从地理空间数据云、遥感集市数据中心、国家综合地球观测数据共享中心等数据库中进行采集。

（2）天域大数据的探测与采集

随着数字化时代的发展，无人机的应用变得越来越广泛。例如日常的河流巡航，可以从无人机的实时拍摄画面中，监测日常状况以及突发状况。沿黄河流域天域大数据的获取除了无人机的日常巡检数据、灾害巡查视频数据、搭载无人机的传感器监测数据外，还有航空的测绘数据。这类数据主要通过移动客户端、设置埋点、数据推送、爬虫等技术来采集。

（3）地域大数据的探测与采集

地域大数据主要包括水文泥沙、土壤土质、水资源取水耗水情况、水质污染状况等数据。这些数据一部分由各部门机构负责存储，属于机密信息；一部分是公开数据，如国家统计局公布的各统计数据、年鉴数据、资源公报等。这类数据采集主要通过系统自动分析网页、抓取数据或自动读取下载好的文档存储到平台中。

2. 大数据智能处理技术

（1）空天地多源、多模态数据融合技术

多源数据融合是将不同来源的数据集，通过某种数学算法，利用各个数据在时空分辨率、完整性、精度等方面的互补性，综合各个输入数据集的优势，弥补单个数据集的不足。数据融合与单一信源独自处理相比，其可探测性和可信度更高、时空感知范围更

广，降低推理模糊程度，增加目标特征的位数，系统的容错能力也更强。多模态数据融合可为模型决策提供有力的数据支撑，提高决策的总体结果的准确率。多模态数据融合的目标是建立能够处理和关联来自多个模态信息的模型。多源、多模态数据融合方法如表 13.3 所示。

表 13.3 多源、多模态数据融合方法

数据类型	融合阶段	融合算法
多源数据	像素层融合	分量替换；多分辨率分析；基于模型的算法
	特征层融合	贝叶斯估计法；D-S 证据理论；聚类算法；神经网络算法
	决策层融合	基于辨识的决策融合方法： MAP（maximum a posteriori，最大后验）方法；MLE（maximum likelihood estimation，极大似然估计）方法；BC（Bayesian credible estimation，贝叶斯可信估计）方法；D-S 证据理论
		基于知识的决策融合方法： 专家知识方法；神经网络方法；支持向量机方法
多模态数据	模型融合	多核学习方法：对象分类、情感识别
		图像模型方法：双模语音、情感识别、媒体分类
		神经网络方法：情感识别、双模语音

（2）空天地大数据智能计算

空天地大数据智能计算的技术重点是数据挖掘技术和预测分析技术。数据挖掘是大数据分析的核心，基本过程主要有数据准备、数据挖掘、解释评估和知识运用 4 个方面。预测分析技术是利用统计、建模、数据挖掘工具对现有数据进行更深入的研究，对事态进行一定的预测。预测分析是大数据平台的核心应用，而预测分析的效果取决于数据的质量、采用的技术处理手段以及预测分析的平台。常见的大数据智能计算关键技术如表 13.4 所示。

表 13.4 大数据智能计算关键技术

关键技术	分析方法	典型技术分析算法
数据挖掘	聚类分析	划分方法：k 均值聚类
		层次方法：BIRCH 算法、CURE 算法和 CHameleon 算法
		基于密度的方法：DBSCAN 算法、OPTICS 算法、DENCLIUE 算法
		基于网络的方法：CLIQLE 算法、STING 算法
		基于模型的方法：EM 算法
	分类和预测	决策树、粗糙集、贝叶斯算法、遗传算法、神经网络算法
	关联分析	Apriori 算法、频繁模式树算法

续表

关键技术	分析方法	典型技术分析算法
预测分析	定性预测	早期：集思广益法、德尔菲（Delphi）法
		近期：Boosting 算法、贝叶斯网络算法
	定量预测	统计分析方法：指数平滑法、趋势外推法、移动平均法
		因果联系模型法：有线性回归因果模型
		人工智能算法：机器学习算法

（3）空天地多维目标智能识别

三维图像，甚至多维图像是在二维目标检测的基础上，增加了识别目标的尺寸、深度、姿态等信息的估计，它比二维图像更有意义。例如通过预估实际位置，自动驾驶的车辆和机器人可以精确地预估和规划自己的行为、路径，这比二维空间的位置更准确。按照输入数据的不同类型可以将三维目标检测数据分为单目图像数据、多视图图像以及点云数据。根据传感器的不同，三维目标检测也分为视觉、激光点云和多模态融合这 3 类。单目图像主要用来实现图像平面的分类与定位，基于单目图像的三维目标检测的实现主要利用三维模型匹配、深度估计网络等算法去回归目标的三维几何信息。激光点云数据相比视觉数据具有准确的深度信息，三维空间特征明显，其缺点是数据稀疏时提供的有效空间特征会不足，不能准确检测目标位置。目前针对激光点云的三维目标检测算法为三维空间体素特征法、三维点云投影法，其中三维点云投影法是利用坐标维度回归算法通过输入的特征信息来预测目标在三维空间中的位置或姿态信息，用于进一步提高目标位置的准确性。如图 13.3 所示。

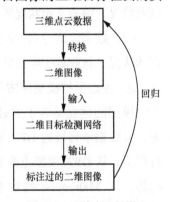

图 13.3　三维点云投影法

多视图图像一般使用双目或深度相机采集图像信息，具有较完整的深度图信息。针对多视图图像的视觉算法的核心是利用图像纹理特征、深度特征等进行多特征融合，具体方法有两种：采用单目图像与深度图像双通道卷积神经网络融合，如 Stereo R-CNN 检测网络；基于三维空间卷积两种算法，如 TLnet 检测网络、SurfConv 检测网络。

13.4.4　平台的应用

1. 平台专题应用

生态保护监测专题，通过大数据平台监测了解黄河流域水利、土壤、气象、植物、动物、微生物等数据信息，包括这些数据的历史演变情况，从而找到符合生态规律的保护及修复措施，构建黄河流域生命共同体。

此外，空天地一体化大数据平台还有如下 7 个专题。

（1）水土保持专题，主要运用农、林、牧、水利等综合措施，防止水土流失，保护、改良和合理利用水土资源，建立良好的生态环境。

（2）污染治理专题，通过监控工业、城镇生活、农业面源及尾矿库等 4 类污染源，对水质进行监控、预测、预警。

（3）防汛预警专题，通过无人机监测以及降水量的监测数据，实时预警洪涝灾害，以最大程度引水避害，减少人员伤亡和财产损失。

（4）黄河文化专题，利用卫星遥感技术，监测沿黄河流域游客热衷的区域及游客所在的地理区域，以便提供更好的文化宣传和服务。

（5）气象专题，监测黄河两岸气象气候，及时对农业灌溉、引水调度提供干旱预警数据。

（6）产业经济专题，智能分析沿黄河流域 9 省（区）的 GDP 总量、产业构成情况、就业情况、消费支出状况等，依据这些指标为沿黄河流域经济快速发展提供数据支撑。

（7）数字经济专题，通过数字经济一张图，直观掌握沿黄河流域数字经济产业企业存活状况、行业数字经济状况、热门投资数字经济产业。

2. 生态保护模型评估与预测应用

模型的建立是为了更好地分析数据，得到隐性的分析结果。在模型评估方面，首先，大数据平台通过 DEA 模型和 Malmquist 模型，对沿黄河流域的水资源利用效率进行评价。从 DEA 模型上来看，黄河流域水资源的利用效率总体良好，用水效率呈上升趋势；从 Malmquist 指数上来看，黄河流域的全要素生产率在波动升高，主要是各个指标在逐渐升高，从而提高水资源利用效率。其次，通过构造上级政府、基层河长、公众三方演化博弈的模型，经过模型的求解与演化仿真，证明了三方博弈策略选择行为的演化路径是稳定在均衡点处的策略组合上的，以此来解决黄河流域的违法"四乱"（乱占、乱采、乱堆、乱建）问题。

在模型预测方面，通过构建 CNN-LSTM 模型预测小浪底水库出口溶解氧浓度变化，在预测误差上，CNN-LSTM 的 RMSE（root-mean-square error，均方根误差）指标和 MAE（mean absolute error，平均绝对误差）指标分别要比堆叠 LSTM 模型低约 10.43%和19.76%。大数据平台通过对污染源的生命周期进行管理，快速识别排放异常或者超标数据，通过水质分析、水质预测分析其产生、变化的原因，帮助环保部门动态管理污染源企业，并有针对性地对污染治理提出建议和对策。

3. 生态保护监测评价应用

在沿黄河流域生态保护中，可以运用空天地一体化大数据平台进行监测评价，即进行数据长期监测、自动传输、在线计算和可视化应用。

随着大数据技术的发展，平台的承载能力得到提升，生态环境的监测也从短期监测向长期监测转变，从单一要素向多维宏观结构、时空协同监测转变，数据平台的建立简化了数据共享流程；同时基于物联网传感技术和动态监测，结合遥感技术和地理信息数据，构建多模块的生态保护服务平台，在很大程度上促进了生态环境监测数据的管理、共享和评价。

13.5　小　　结

治理黄河，重在保护，要在治理。黄河流域保护历经多年一系列水土保持措施已取得了显著效果，今后在人工智能等新一代信息技术的科学指导下，势必能够巩固并扩大生态保护的作用。以人工智能为代表的新一代信息技术带来的是时代的变革，信息作为重要的生产因素已经渗透到生态环境和经济领域的各个方面。建立黄河流域一体化管理，依托空天地一体化大数据及智能分析平台，打造全流域的生态产业链，方能确保黄河流域生态保护和高质量发展稳定持续地进行。

智慧生态保护拓展阅读

思 考 题

13.1　黄河流域现存哪些生态问题？

13.2　人工智能技术怎么促进黄河流域生态保护和高质量发展？

13.3　沿黄河流域空天地一体化大数据平台的数据主要来自哪里？在平台中起什么作用？

13.4　沿黄河流域空天地一体化大数据的技术处理流程主要分为哪 4 部分？具体内容是什么？

13.5　沿黄河流域空天地一体化大数据平台在生态保护中的应用有哪些？

第4篇 人工智能安全关切及未来展望

第14章

人工智能安全

新技术必然会带来新的安全问题，而各种新技术、新系统源源不断地出现，自然会引发各种新的安全问题与安全事件。

任何一项新技术的发展和应用都存在着相互促进又相互制约的两个方面：一方面，技术的发展能带来社会的进步与变革；另一方面，技术的应用要以安全为前提，要受到安全保障机制的制约。然而安全是伴生技术，往往会在新技术的发展之后被关注到。因为人们首先会去享用新技术带来的红利，之后才会注意到新技术伴随的种种安全问题。人工智能作为一项新技术，赋能安全的同时，又伴生安全问题。

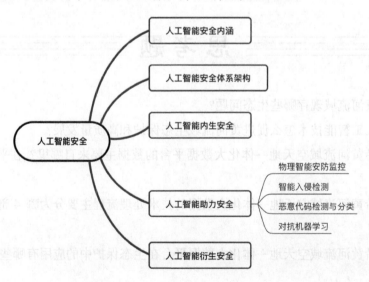

14.1　人工智能安全内涵

　　由于人工智能可以模拟人类智能，实现对人脑的替代，因此，在每一轮人工智能发展浪潮中，尤其是技术兴起时，人们都非常关注人工智能的安全问题和伦理影响。从 1942 年阿西莫夫(Asimov)提出"机器人三大定律"，到 2017 年霍金(Hawking)、马斯克(Musk)参与发布的 "阿西洛马人工智能原则"，如何促使人工智能更加安全和符合道德规范一直是人类长期思考和不断深化的命题。当前，随着人工智能技术快速发展和产业爆发，人工智能安全越发受到关注。一方面，现阶段人工智能技术的不成熟性导致安全风险，包括算法不可解释性、数据强依赖性等技术局限性问题，以及人为恶意应用，可能给网络空间与国家社会带来安全风险；另一方面，人工智能技术可应用于网络安全与公共安全领域，感知、预测、预警信息基础设施和社会经济运行的重大态势，主动决策反应，提升网络防护能力与社会治理能力。

　　基于以上分析，人工智能安全内涵包含：一是降低人工智能不成熟性以及人为恶意应用给网络空间和国家社会带来的安全风险；二是推动人工智能在网络安全和公共安全领域深度应用；三是构建人工智能安全管理体系，保障人工智能安全稳步发展。

14.2　人工智能安全体系架构

　　从人工智能内部视角看，人工智能系统和一般信息系统一样存在脆弱性，即人工智能的内生安全问题。一旦人工智能系统的脆弱性在物理空间中暴露出来，就可能引发无意为之的安全事故。即便一个人工智能系统的脆弱性未暴露，其依然可被不法分子恶意利用，进而危及社会安全。长远来看，还有一类具有移动性、破坏力、可自主学习的人工智能系统，可在无人干预的情况下自我进化，因此有可能在未来某一时刻突然从人类为其设定的约束条件中逃逸，进而危及人类安全，这也是人工智能的衍生安全问题。

　　从人工智能外部视角看，人们直观上往往会认为人工智能系统可以单纯依靠人工智能技术构建，但事实上，单纯考虑技术因素是远远不够的。人工智能系统的设计、制造和使用等环节，还必须在法律法规、国家政策、伦理道德、标准规范的约束下进行，并具备常态化的安全评测手段和应急时的防范控制措施。其中，法律法规强制要求人工智能系统的功能和使用不可违法违规；国家政策强制要求安全攸关的人工智能系统必须满足公平性、透明性、可解释性和可追溯性等原则，从而可以降低风险，实现按需问责；伦理道德为人工智能系统研制提供了必须严格遵守的原则；标准规范的制定可提升人工智能系统研发效率，减少脆弱性，并使得智能群体之间可协同工作；安全评测手段可发现人工智能系统和产品存在的内生安全问题、法律与伦理偏离问题等；防范控制措施可在人工智能出现失控迹象时减少损失。

综上，可将人工智能安全分为 3 个子方向：人工智能内生安全（AI's endogenous security）和人工智能衍生安全（AI's derivative security）、人工智能助力安全（AI-powered security）。其中，人工智能助力安全体现的是人工智能技术的赋能效应；人工智能内生安全和衍生安全体现的是人工智能技术的伴生效应。人工智能系统并不是单纯依托技术而构建的，还需要与外部多重约束条件共同作用，以形成完备合规的系统。

14.3　人工智能内生安全

人工智能内生安全指的是人工智能系统自身存在脆弱性。脆弱性的成因较多，人工智能框架/组件、数据、算法、模型等任一环节都可能给系统带来脆弱性。在框架/组件方面，难以保证框架和组件实现的正确性和透明性是人工智能的内生安全问题。由于这些框架和组件未经充分安全评测，可能存在漏洞甚至后门等风险。如果基于不安全框架构造的人工智能系统被应用于关乎国计民生的重要领域，这种因为"基础环境不可靠"而带来的潜在风险就更加值得关注。

在数据方面，缺乏对数据正确性的甄别能力是人工智能的内生安全问题。人工智能系统从根本上还是遵从人所赋予的智能形态，而这种赋予方式来自学习，学习的正确性则取决于输入数据的正确性，输入数据的正确性是保证生成正确的智能系统的基本前提。同时，人工智能在实施推理判断的时候，其前提也是依据所获取的数据来进行判断。因此，人工智能系统高度依赖数据获取的正确性。然而，数据正确的假定是不成立的，有多种原因使得获取的数据质量低下。

在算法方面，难以保证算法的正确性也属于人工智能的内生安全问题。智能算法可以说是人工智能的引擎，现在的智能算法普遍采用机器学习的方法，就是直接让系统面对真实可信的数据来进行学习，以生成机器可重复处理的形态。经典的智能算法当属神经网络与知识图谱。神经网络是通过"输入-输出"对来学习已知的因果关系，通过神经网络的隐藏层来记录所有已学习过的因果关系经过综合评定后所得的普适条件的。知识图谱是通过提取确定的输入数据中的语义关系，来形成实体、概念之间的关系模型，从而为知识库的形成提供支持的。两者相比，神经网络是一个黑盒子，其预测能力很强；知识图谱是一个白盒子，其描述能力很强。智能算法存在的安全缺陷一直是人工智能安全中的严重问题。

在模型方面，难以保证模型不被窃取或污染同样属于人工智能的内生安全问题。通过大量样本数据对特定的算法进行训练，可获得满足需求的一组参数，将特定算法和训练得出的参数整合起来就是一个特定的人工智能模型。因此，可以说模型是算法和参数的载体并以实体文件的形态存在。既然模型是一个可复制、可修改的实体文件，就存在被窃取和被植入后门的安全风险，这就是人工智能模型安全需要研究的问题。

14.4 人工智能助力安全

人工智能在安全领域中可以发挥巨大的作用，助力安全。以下是几个人工智能助力安全的应用案例。

威胁检测和预测：利用机器学习和数据分析方法，建立安全威胁检测和预测模型，实现主动发现和预防安全威胁。

风险评估和管理：利用人工智能技术，对企业的安全风险进行评估和管理，提高企业的安全水平。

数据安全保护：利用数据分类、数据加密等技术，确保数据在传输和存储中的安全性。

网络安全防御：利用人工智能技术，进行实时的网络入侵检测和防御，提高网络安全防护能力。

恶意软件检测和清除：通过分析恶意软件的行为和特征，建立恶意软件检测和清除的模型，实现及时发现和清除恶意软件。

人脸识别和智能门禁控制：利用人工智能技术，实现人脸识别和智能门禁控制，提高物理安全防范能力。

总之，人工智能在安全领域中的应用是多种多样的，它可以从多个方面提高企业和个人的安全防范能力。同时，在应用人工智能技术时也需要注意保障数据隐私和个人权利，避免出现一些不合理和不公平的现象。

在助力攻击方面，攻击者可能利用人工智能技术突破其原有能力边界。攻击者借助人工智能技术，可以实现自动化漏洞挖掘、构建智能恶意代码、为神经网络模型植入后门、自动化构造鱼叉式钓鱼邮件、精准锁定目标、深度隐藏攻击意图、生成高逼真度假视频等攻击方法，从而提升漏洞挖掘效率、降低成本、提升恶意代码免杀和隐蔽通信能力、污染神经网络模型供应链、实现无人介入的鱼叉式钓鱼邮件大面积投放、提升网络攻击的精准打击和意图隐藏能力、实现伪造欺骗等新形态攻击能力。因此，融入了人工智能技术的网络攻击已经涵盖了攻击准备、生存对抗、武器投递、目标识别、意图隐藏、网络欺骗这条较为完整的攻击链，且使得攻击链上各节点的能力都有明显提升，这必将给防御工作带来新的挑战。

14.4.1 物理智能安防监控

"AI+安防"是人工智能技术商业落地发展最快、市场容量最大的主赛道之一。推动安防监控发展的关键人工智能技术包括智能视频监控、体态识别与行为预测、知识图谱和智能安防机器人等技术。

（1）智能视频监控

智能视频监控对人的识别和追踪可达到实用的程度，能够将人的各种属性进行关联分析与数据挖掘，从监控调阅、人员锁定到人的轨迹追踪时间由数天缩短到分秒，实现安防监控的实时响应与预警。

（2）体态识别与行为预测

体态识别与行为预测通过人的体态进行识别。由于每个人骨骼长度、肌肉强度、重心高度以及运动神经灵敏度都不同，每个人的生理结构存在差异性，因此决定了每个人体态的唯一性。体态识别与人脸识别不同，它在超高清摄像头下识别距离可达 50m。在公共场所安全监控的过程中，当人的面部无法捕捉到，或者捕捉到的面部图像不清晰时，通过对人的体态识别，能够预测这个人接下来即将进行的动作，可以有效预防犯罪。

（3）知识图谱

知识图谱使用多关系图（多种类型的节点和多种类型的边）来描述真实世界中存在的各种实体或概念，以及它们之间的关系。安防大数据利用知识图谱将海量时空多维的信息进行实体属性关联分析，提高对数据与情报的检索和分析能力。

（4）智能安防机器人

智能安防机器人有很多种。智能安防巡检机器人利用移动安防系统携带的图像、红外线、声音、气体等相关的多种传感检测设备在工作区域内进行智能巡检，将监测数据传输至远端监控系统，并可通过计算机视觉、多传感器融合等技术进行自主判断决策，在发现问题后及时发出报警信息。

14.4.2　智能入侵检测

传统的以特征规则为基础的网络威胁检测方法,在面对复杂网络行为和海量高维度的大数据时,容易出现大量误报、漏报和较长延时等问题。入侵检测根据网络流量数据或主机数据来判断行为的正常或异常,属于分类问题,而机器学习等人工智能算法则在解决分类问题上有着强大的能力。结合当下快速发展的人工智能技术,智能入侵检测在检测能力和速度上较传统的入侵检测方法均有大幅优化。

入侵检测是一种积极主动的防护技术,入侵检测系统从计算机网络系统中的关键点收集并分析信息,根据这些信息检查网络中是否有违反安全策略的行为和系统遭到袭击的迹象。可以提供对内部攻击、外部攻击和误操作的实时保护,在网络系统受到入侵之前拦截和阻止入侵。入侵检测系统具有动态检测和主动防御等特点,能有效弥补其他静态防御工具的不足,逐渐成为网络安全的主要防护工具。

14.4.3　恶意代码检测与分类

恶意代码是指具有恶意功能的程序,包括蠕虫、木马、僵尸程序、勒索软件、间谍软件等。目前已有大量研究利用机器学习从源代码、二进制代码和运行时的特征等入手,对程序进行针对恶意代码的检测与分类。

在恶意代码检测方面,主要通过提取恶意代码的静态特征,包括文件哈希值、签名特征、API 函数调用序列、字符串特征等,结合恶意代码运行时的动态特征,包括 CPU 占用率、内存消耗、网络行为特征、主机驻留行为特征等,构建恶意代码特征工程,利用深度学习或机器学习自动对可疑恶意代码进行检测和判定。

在恶意代码分类方面,基于对抗的需求,当前,许多恶意代码经常被设计为特征可变异的"免杀"模式,即恶意代码多态化,导致恶意软件样本变种数量剧增。传统基于恶意代码行为和字符特征的方法会出现较高的误判,这给恶意代码分类带来了新挑战。

将恶意样本反汇编代码文件转换成图像作为样本的特征,通过精心设计,巧妙地将恶意代码分类问题转换为图像分类问题,从而成功地达到"免杀"的目的。这不仅是因为图像分类在人工智能领域已是非常成熟的技术,容易进行甄别,更重要的是将代码转化成了图像,就失去了代码本身所具有的微观特征,而突出了整体编程风格的特征。由于攻击者通常不知道图像分类器是如何以图像识别形式来对代码进行分类的,因此无法仅通过在局部修改代码的方法去躲避分类器的判定。

14.4.4　对抗机器学习

机器学习算法普遍应用于网络安全检测领域，比如基于 SVM 算法的恶意代码检测、基于聚类的僵尸网络检测、基于贝叶斯网络的垃圾邮件检测，以及基于层次聚类、随机森林的恶意流量识别等。机器学习检测模型的准确性主要依赖样本训练数据分布，具有较好的机器学习检测模型的前提是假设其样本训练数据集具有代表性。但已有研究表明，基于机器学习的检测系统容易受到对抗性攻击，攻击者可以构造"良性"样本，绕过机器学习分类器的识别，这种攻击方法被称为对抗机器学习。

14.5　人工智能衍生安全

人工智能衍生安全是指在人工智能技术的研究、开发、应用和普及过程中，出现的安全问题和安全威胁。这些安全问题和安全威胁包括但不限于如下几点。

数据隐私和信息安全：在应用人工智能的过程中，可能涉及大量的个人信息和敏感数据，如何保障这些数据的隐私和安全成为一大问题。

网络安全问题：人工智能技术一般与网络密切相关，比如机器学习、深度学习等算法需要大量数据支持，这些数据通常通过互联网进行传输和共享，这可能导致网络安全问题。

人工智能技术本身的安全性：人工智能本身也可能面临各种安全问题和威胁，比如入侵攻击、漏洞利用、AI 算法对抗等。

社会和伦理问题：人工智能技术的发展和应用会引发一系列的社会和伦理问题，如何保障人类的安全利益成为一大挑战。

解决这些安全问题和安全威胁需要加强技术研究，强化安全意识，建立合理的安全保障机制等。

14.6　小　　结

本章提出了一种人工智能安全体系架构，从内部视角将其分类为人工智能助力安全、人工智能内生安全和人工智能衍生安全。任何新技术的出现，对安全领域来说势必会形成赋能效应。

　　融入人工智能技术的网络防御体系，可弥补传统静态网络防御手段的不足，提高网络防御的动态化和智能化水平。在邮件分类方面，利用人工智能技术构建精准的邮件检测模型，可极大提高恶意邮件的识别率；在入侵检测方面，通过深度学习技术构建异常流量检测模型，可实现对入侵事件的快速精准定位；在恶意代码查杀方面，利用机器学习检测未知特征的恶意代码，可提升威胁发现能力；在行为检测方面，通过全面采集设备、用户行为、访问记录、时空信息等全域数据，可实现攻击用户画像，动态检测用户操作，实现对恶意行为的快速定位和监控预警。

人工智能安全拓展阅读

思 考 题

14.1　人工智能安全包括哪几个方面？

14.2　人工智能内生安全是什么，表现在哪些方面？

14.3　人工智能助力安全表现在哪些方面？

14.4　举例说明人工智能助力安全的有效应用。

14.5　寻找对抗机器学习的案例并进行分析。

第15章
元宇宙与人工智能

元宇宙是整合多种新技术而产生的新型虚实相融的互联网应用和社会形态，它基于扩展现实技术提供沉浸式体验，基于数字孪生技术生成现实世界的镜像，基于区块链技术搭建经济体系，将虚拟世界与现实世界在经济系统、社交系统、身份系统上密切融合，并且允许每个用户进行内容生产和世界编辑。元宇宙仍是一个不断发展、演变的概念，不同参与者以自己的方式不断丰富着它的含义。

构建元宇宙最大的挑战之一是如何创建大量的高质量内容，而人工智能的应用能大幅提升运算性能，并智能生成不重复的海量内容，以满足元宇宙内容不断丰富的需求。同时，随着人工智能的进一步发展，由人工智能驱动的虚拟数字人也可以参与到元宇宙中，丰富元宇宙的内容和体验。在监管上，人工智能可以对元宇宙中无法以人工完成的海量内容进行审查，从而保证元宇宙的安全与合法。

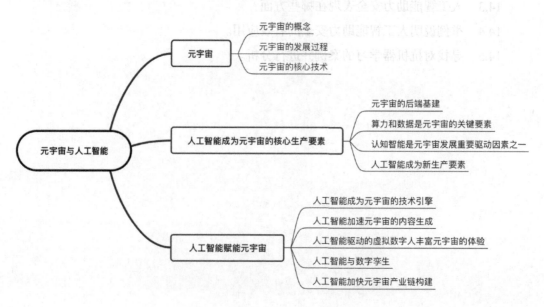

15.1　元　宇　宙

15.1.1　元宇宙的概念

维基百科对元宇宙的描述是：通过虚拟增强的物理现实，呈现收敛性和物理持久性特征，基于未来互联网具有链接感知和共享特征的三维虚拟空间。国内有学者认为，元宇宙是整合多种新技术而产生的新型虚实相融的互联网应用和社会形态，它基于扩展现实技术提供沉浸式体验，以及数字孪生技术生成现实世界的镜像，通过区块链技术搭建经济体系，将虚拟世界与现实世界在经济系统、社交系统、身份系统上密切融合，并且允许每个用户进行内容生产和编辑。

元宇宙迄今没有清晰、准确的定义，作者认为元宇宙是构建虚拟世界从而赋能现实世界，最终达到虚实融合状态的技术集，是整合多种新技术产生的下一代互联网应用和社会形态。它基于扩展现实技术和数字孪生实现时空拓展性，基于人工智能和物联网实现虚拟人、自然人和机器人的人机融生性，基于区块链、Web 3.0、数字藏品、非同质化代币（Non-fungible Token，NFT）等实现经济增值性。元宇宙在社交系统、生产系统、经济系统上虚实共生，每个用户可进行世界编辑、内容生产和数字资产自所有。

15.1.2　元宇宙的发展过程

2021 年元宇宙突然席卷全球，大多数人还来不及反应已被裹挟着向前走；国内外科技"巨头"纷纷宣布投资、建设元宇宙，率先拥有"元宇宙"概念的公司市值一夜之间增长几百亿。接下来，让我们共同探究元宇宙的发展过程。

1992 年美国作家尼尔·斯蒂芬森（Neal Stephenson）在科幻小说《雪崩》中首次提到"metaverse"（元宇宙）和"avatar"（化身）这两个概念。人们在"metaverse"里可以拥有自己的虚拟替身，这个虚拟的世界就叫作"元宇宙"。

20 世纪 70 年代到 20 世纪 90 年代出现了大量的开放性多人游戏，也就是说游戏本身的开放世界形成了元宇宙的早期基础。先后推出的 Activeworlds、Second Life 2.0、Roblox、Avakin Life、VRChat 等虚拟游戏或社交、创作平台，均在不同程度上增强了人们对元宇宙的理解深度与探索兴趣。2016 年推出的 Oculus Rift（一款为电子游戏设计的头戴式显示器），不仅有效强化了人们对虚拟世界的亲身体验，同时也为虚拟现实（virtual

reality，VR）技术在人类生活中的广泛应用提供了设备基础。

2020 年，人类社会到达虚拟化的临界点，疫情加速了新技术的发展，加速了非接触式文化的形成。2021 年是元宇宙元年。2021 年初，Soul App 在行业内首次提出构建"社交元宇宙"；2021 年 3 月，在线创作游戏平台 Roblox 正式登陆纽交所，成为"元宇宙第一股"上市，首日收盘上涨 54.4%，并在短时间内市值飙升到 400 亿美元；2021 年 8 月，芯片巨头英伟达花费数亿美金，推出了为元宇宙打造的模拟平台 Omniverse。2021 年 10 月，Facebook 改名为 Meta。2021 年 12 月，百度发布的首个国产元宇宙产品"希壤"正式开放定向内测。同时，腾讯、字节跳动等众多互联网公司也相继加速布局元宇宙。据企查查数据研究院推出的《中国元宇宙商标申请企业画像报告（2021 年）》显示，截至 2021 年底，已有超 1600 家公司申请注册元宇宙商标，数量超 1.14 万个。除了包含元宇宙的商标之外，名称含 Meta、METAVERSE 的商标申请量也分别有 1700 余个、1000余个。

不仅如此，元宇宙这个新兴科技概念频繁出现在地方政府文件中。武汉、合肥两地同时把元宇宙写入其 2022 年的政府工作报告，上海在其电子信息产业发展"十四五"规划中明确提出要加强元宇宙核心技术的前瞻研发，浙江把元宇宙纳入未来产业发展体系之中。

从政府和企业的行为可以看出，虽然目前外部对于元宇宙概念和属性的看法仍在不断变化，但是对于元宇宙未来的良好前景已基本形成共识，随着应用场景的不断成熟，未来元宇宙将演化成为一个超大规模、极致开放、动态优化的复杂系统。

如果根据空间范畴、时空维度、关键技术、虚实交互等方面的演进程度，元宇宙可依次划分为数据创生、数字仿生、虚拟镜生、虚实共生 4 个阶段（见表 15.1）。随着各阶段关键技术从底层支持、VR、脑科学、物理学的持续创新和突破，逐步由分散的应用汇聚成场景、独立的场景集成为社会、分离的社会融合成生态，最终形成元宇宙。

表 15.1　　　　　　　　元宇宙 4 个阶段的特征分析

阶段	抽象层级	空难范畴	时空维度	关键技术	虚实交互
数据创生	点	应用（程序）	二、三维	VR、AR 等（底层支持）	单向感官
数字仿生	面	场景（平台）	三维	数字孪生（VR）	单向感知
虚拟镜生	空间	社会（跨平台）	四维	脑机接口（脑科学）	对等交互
虚实共生	元宇宙	生态（跨平台）	四维以上	量子物理（物理学）	无感交互

综合数字信息技术发展现状以及上述定义的阶段特征，目前元宇宙正处于第一阶段

数据创生（2021—2025 年），即基于大数据的程序通过 VR、增强现实（augmented reality，AR）等底层支撑技术创造出 VR 应用，聚焦娱乐生活领域，突出沉浸式的内容形态，产生的虚拟内容与现实空间可实现单向感官感受，显著提升用户体验。第二阶段数字仿生（2025—2035 年），则是在大量应用产生群聚效应的基础上，通过数字孪生等技术仿真出平台化 VR 场景，主要围绕流程化、综合性应用需求较大又相对封闭的环境展开，可实现虚实间的单向感知活动，以提高工作和生活效率为目标。第三阶段虚拟镜生（2035—2050 年），通过脑机接口、脑电感应等技术镜像出跨平台的平行虚拟社会，形成具有合理运行逻辑又相对独立的社会化环境，可实现虚实间的全面对等交互，做到身临其境般的"真实"存在。第四阶段虚实共生（2050 年以后），即元宇宙终极形态，通过量子物理等技术构建虚拟空间和现实空间相互交织的融平台生态世界，一个完全开放、没有虚实之分的完美融合环境，完全无感交互，真我与"假我"可共存共生共发展。

元宇宙不会突然实现，它由物理世界打底，要历经需求分层、行业分工，像拼图一样拼很久才能拼成完整的宏图。也就是说，实现元宇宙的进度，由构成元宇宙的新型数字基础的实施与发展速度决定，只有等 5G 网络、物联网、工业互联网、人工智能、云计算等"数字基建"大规模应用，真正的元宇宙才会到来。

15.1.3　元宇宙的核心技术

从 Meta 和微软发布的视频，我们可以看到，视频中呈现的效果还都非常卡通化。这说明对于我们所期待的元宇宙应该呈现的效果还有很大差距，这也和目前元宇宙相关核心技术发展情况有关。

在《元宇宙通证》一书中将元宇宙的六大技术支柱的英文组合成一个比较有意思的缩写 BIGANT，趣称为"大蚂蚁"，你可以想象这是来自元宇宙的大蚂蚁。其实蚂蚁是非常有意思的动物，单只蚂蚁的智商很低，但一大群蚂蚁构成的小社会具有很高的智慧：它们可以调节温度、建构出复杂的蚁穴结构、管理真菌农场、照管蚜虫牧场，还可以组建分工复杂的军队、运用多种战略战术作战。令人吃惊的是，成员数量越多，蚂蚁的群体智慧就越高。

支撑"元宇宙"的六大技术支柱 BIGANT 包括：区块链（blockchain）技术、交互（interactivity）技术、电子游戏（game）技术、人工智能（AI）技术、网络及运算（network and computation）技术、物联网（internet of things）技术。

1. 区块链技术

区块链是支撑元宇宙经济体系最重要的基础，用户的虚拟资产必须能跨越各个子元宇宙进行流转和交易，才能形成庞大的经济体系。通过 NFT、DAO（data access object，数据访问对象）、智能合约、DeFi（decentralized finance，去中心化金融）等区块链技术和应用，将激发创作者经济时代，催生海量内容创新。基于区块链技术，将有效打造元宇宙去中心化的清结算平台和价值传递机制，保障价值归属与流转，实现元宇宙经济系统运行的稳定、高效、透明和确定性。

2. 交互技术

交互技术是制约当前元宇宙沉浸感的最大瓶颈所在。交互技术分为输出技术和输入技术。输出技术包括头戴式显示器、触觉、痛觉、嗅觉甚至直接神经细胞传输等各种电信号转换于人体感官的技术；输入技术包括微型摄像头、位置传感器、力量传感器、速度传感器等。复合的交互技术还包括各类脑机接口，这也是交互技术的终极发展方向。人眼分辨率为 5.76 亿像素，这是没有窗纱效应的沉浸感起点。如果想要流畅平滑真实的 120Hz 以上刷新率，即使在色深色彩范围都相当有限的情况下，1s 的数据量就高达15GB。所以单就显示技术而言，估计得 3 年左右才能达到这个水平，前提是其他关键模组能跟上。

3. 电子游戏技术

这里所说的电子游戏技术既包括游戏引擎相关的三维建模和实时渲染，也包括数字孪生相关的三维引擎和仿真技术。前者是虚拟世界大开发解放大众生产力的关键性技术，只有把复杂三维人物、事物乃至游戏都拉低到普通民众都能操作，才有可能实现元宇宙创作者经济的大繁荣。后者是物理世界虚拟化、数字化的关键性工具，同样需要把门槛拉低到普通民众都能操作的程度，才能极大加速真实世界数字化的进程。实现虚拟世界大开放最大的技术门槛在于仿真技术，不仅要让数字孪生后的事物必须遵守物理定律、重力定律、电磁定律、电磁波定律，还必须遵守压力和声音的规律。电子游戏技术与交互技术的协同发展，是实现元宇宙用户规模爆发性增长的两大前提，前者解决的是内容丰富性，后者解决的是沉浸感。

4. 网络及运算技术

这里的网络及运算技术不仅是指传统意义上的宽带互联网和高速通信网，还包含人工智能、边缘计算、分布式计算等在内的综合智能网络技术。此时的网络已不再只是信息传输平台，而是综合能力平台。云化的综合智能网络是元宇宙最底层的基础设施，提供高速、低延时、高算力、高人工智能的规模化接入，为元宇宙用户提供实时、流畅的沉浸式体验。云计算和边缘计算为元宇宙用户提供功能更强大、更轻量化、成本更低的终端设备，比如高清高帧率的 AR/VR/MR（mixed reality，混合现实）眼镜等。元宇宙庞大的数据量，对算力的需求几乎是无止境的，好在英伟达等半导体厂商不断在成倍推高算力上限。

5. 人工智能技术

人工智能技术在元宇宙的各个层面、各种应用、各个场景下无处不在。其不仅包括区块链里的智能合约，交互里的人工智能识别，游戏里的人物、物品乃至情节的自动生成，智能网络里的人工智能能力，物联网里的数据人工智能等，还包括元宇宙里虚拟人物的语音语义识别与沟通、社交关系的人工智能推荐、各种 DAO 的人工智能运行、各种虚拟场景的人工智能建设，以及各种分析、预测、推理等。

6. 物联网技术

物联网技术既承担了物理世界数字化的前端采集与处理职能，也承担了元宇宙虚实共生的虚拟世界去渗透乃至管理物理世界的职能。只有真正实现了万物互联，元宇宙实现虚实共生才真正有可能！物理网技术的发展，为数字孪生后的虚拟世界提供了实时、精准、持续的鲜活数据供给，使元宇宙虚拟世界里的人们"足不出网"就可以"明察物理世界的秋毫"。5G 网络的普及为物联网的爆发提供了网络基础，但电池技术、传感技术和人工智能边缘计算等方面的瓶颈依然制约了物联网的大规模发展。

15.2　人工智能成为元宇宙的核心生产要素

15.2.1　元宇宙的后端基建

元宇宙离不开新型数字基础设施的完善。首先，在元宇宙的 XR（extended reality，扩展现实）终端硬件方面，目前已经迎来了规模化的拐点。类比苹果产业链，围绕 XR 产业链的中国企业已经深度参与其中，比如在光学器件、传感器领域。其次，在规模化拐点之后，元宇宙生态内容的丰富，将带来数据量级的爆发，数据洪流必须要更强大的后端基建支撑，同时人工智能的重要性凸显。

目前我们已经可以看到，虚拟数字人的生成与驱动，需要利用后端基建与人工智能技术。预计随着虚拟数字人相关业态的发展，这两者将会发挥更显著的作用。

15.2.2　算力和数据是元宇宙的关键要素

算力是元宇宙的关键要素，也是衡量数字经济发展的"晴雨表"。在物理世界中，电力是很重要的生产要素。到了数字经济时代，算力成了非常关键的指标。人均算力可以反映一个地区的数字经济发展水平。数字政府、金融科技、智慧医疗、智能制造等互联网创新领域都需要算力支撑。

算力的发展速度非常快。现在算力翻倍的时间基本上可以缩短到 3～4 个月。但需要注意的是，要促进算力中心的健康发展，就需要明确数据中心、超算中心、智算中心这些"应用"是什么，也就是如何把这些多元化的算力对应到不同的应用场景之中。比如，智算中心的发展主要涉及图像处理、决策和自然语言处理三大类，不同的应用场景适配不同的算力中心是发展算力的关键一步。

除了算力，建设元宇宙的另外一项关键要素就是数据。2020 年 4 月，中共中央、国务院发布《关于构建更加完善的要素市场化配置体制机制的意见》，提到要加快培育数据要素市场，其中包括"提升社会数据资源价值。培育数字经济新产业、新业态和新模式，支持构建农业、工业、交通、教育、安防、城市管理、公共资源交易等领域规范化数据开发利用的场景。发挥行业协会商会作用，推动人工智能、可穿戴设备、车联网、物联网等领域数据采集标准化。加强数据资源整合和安全保护。探索建立统一规范的数据管理制度，提高数据质量和规范性，丰富数据产品。研究根据数据性质完善产权性质。制定数据隐私保护制度和安全审查制度。推动完善适用于大数据环境下的数据分类分级安全保护制度，加强对政务数据、企业商业秘密和个人数据的保护。"

元宇宙是一个由数据组成的世界，分布式数据存储成为维持元宇宙持久运转的基本方式。同时，在数据的使用过程中，数据生产者、管理者、整合者、使用者等角色之间的权力边界存在一定的模糊交叉，这导致数据要素的产权属性难以确认，也引发了大量数据滥用的情况，因而严重阻碍了数据要素的流通和使用。所以，数据确权是数据要素实现流通交易和市场化配置的重要前提。

区块链是解决这一系列问题的关键技术和基础设施。我们可以将区块链理解为一种"确权的机器"（为数据资源提供极低成本的确权工具），并在数据实现确权后打通流转，从而使数据真正成为一种资产，实现数据价值的最大化。除此之外，我们还要注意切实保障数据安全，完善数据资源确权、开放、流通、交易相关制度，保护个人隐私数据，加强关键信息基础设施安全保护，强化关键数据资源保护能力。

15.2.3 认知智能是元宇宙发展重要驱动因素之一

人工智能正在从"感知智能"向"认知智能"阶段跨越。

目前业界普遍接受的观点是，人工智能的发展分为 3 个阶段：计算智能、感知智能、认知智能。计算智能是指机器能存会算的能力，比如当年的 AlphaGo 和李世石的围棋大战就是典型的计算智能。在这个方面，机器早已经超越了人类。感知智能是指机器"能听会说，能看会认"的能力，这方面机器已经可以和人类媲美，比如语音识别已经可以惟妙惟肖地模仿特定人发音，语音识别可以听懂数 10 种语言，人脸识别可在千百人中快速识别到对象。这些感知智能的能力基本上已经达到了和人类一样的水平，有些领域甚至超过了人类。

认知智能是机器以人类语言和常识推理基本认知逻辑，是人工智能相对高级的阶段，这里较为核心的突破点是多步推理和更加准确的常识判断，目前认知智能的技术水平和人类相比还有一定的差距。当然如果未来脑机融合的技术突破，就会从另一条技术路线去提升人工智能的水平，最大限度接近通用人工智能的水平。

元宇宙作为新兴的概念，还未有明确的定义。但有些典型的特征是被广泛认可的，即可定义的数字分身、多模感知的沉浸感、超低延迟、多维多样性虚拟世界、随时随地的接入、完整的经济体系、完整的文明体系等。

元宇宙这些典型的特征会形成超大规模的数据，消耗超大规模的算力，使用超大带宽的网络……这些特征和带来的变化，势必需要更加智能的算法进行处理，从而满足元宇宙建设和用户不断增长的需求。特别是影响用户感知的人机智能交互能力和影响元宇宙治理模式的超大规模的数据集处理这两个方面的能力强弱，是元宇宙何时能够实现的关键控制点，而这些方面的突破又要依赖认知智能的发展。所以，人工智能特别是认知智能的发展快慢，会直接影响元宇宙的发展节奏。

15.2.4　人工智能成为新生产要素

现今互联网时代的社会生产要素正在发生变化，即生产力的主体发生了变化。从 AlphaGo 开始，人工智能深度学习的能力正在明显加强。

当人工智能完成从感知智能向认知智能的充分进化，人工智能无疑会越来越"聪明"，可以模拟人的思维或学习机制，越来越像人。在未来元宇宙的建设中，人预计不是最重要的生产要素，从供给和需求两个维度，人工智能可以代替人去发挥一些关键生产要素的作用。

一方面，人工智能将在元宇宙中发挥建设性的作用：元宇宙将带来数据洪流（如三维场景、360 度渲染场景），不可能单靠人力去处理海量的数据，而具备越来越强的自主学习与决策功能的人工智能辅以人工微调，可大幅降低构建元宇宙的周期与人力成本。

另一方面，人工智能将提供规模化的内容或服务，且能保证个性化：人工智能将深度介入人们的生活，满足人们的众多消费需求，如 AIGC（AI generated content，人工智能生成内容），相比现在互联网中人们熟知的 PGC（professional generated content，专业生成内容）/UGC（user generated content，用户生成内容），未来元宇宙中 AIGC 会越来越多，即用人工智能来规模化生成内容或服务，且能保证个性化。

15.3 人工智能赋能元宇宙

15.3.1 人工智能成为元宇宙的技术引擎

通过自然语言处理、机器视觉、区块链、网络、数字孪生、神经接口等技术，人工智能可提升整个元宇宙的沉浸感和多样性。

自然语言处理，也称为计算语言学，包含各种计算模型和学习过程，以解决自动分析和理解人类语言（包括语音和文本）的实际问题。在元宇宙中，人工智能聊天机器人可以帮助用户回答细微问题并交互学习以提高响应质量。此外，自然语言处理技术可以充分提供人类用户和虚拟助手之间基于文本和基于语音的交互体验。机器视觉，包括计算机视觉和 XR 技术，是构建元宇宙基础的核心技术之一。从视觉环境（通过光学显示器和视频播放器）感知的原始数据被捕获和处理以推断高级信息，然后通过头戴式设备和其他设备（例如智能眼镜和智能手机）向用户显示。事实上，计算机视觉允许 XR 设备基于视觉的有意义信息来分析和理解用户活动。在多方参与并贡献具有不同格式和结构的数字内容的元宇宙中，数据安全、隐私和互操作性可以通过协作开发区块链和人工智能来完全处理。

元宇宙中的实时多媒体服务和应用程序通常需要具有高吞吐量和低延迟的可靠连接，以至少保证基本级别的用户体验。借助人工智能作为强大的分析工具，数字孪生可以提高系统性能、减少与流程相关的事件、最大限度地降低维护成本并优化业务和生产。目前，许多科技公司都在关注神经接口，它超越了 VR 设备，神经接口有助于几乎消除人类和可穿戴设备之间的界限。

15.3.2 人工智能加速元宇宙的内容生成

区块链、人工智能技术降低了内容创作门槛，可提升用户参与度，实现元宇宙与现实世界的高度同步。

　　虚拟世界打造多人参与的沉浸式影院，突出视频的沉浸感和现场感。观众可以身处影视描摹的世界之中，甚至扮演其中的角色，创造观影、观剧的全新体验，开拓"影游联动"的想象空间。线上虚拟演唱会更可能成为常态，观众可以购买演出门票、数字周边、虚拟道具，并设计虚拟分身以参与演唱会场景。传统演唱会有座位限制、视角固定；而虚拟演唱会不受天气、场地等因素限制，为观众带来沉浸式、多视角的丰富体验。虚拟世界更可将动漫、文学知识产权（intellectual property，IP）中的世界搭建出来，还原作品人物、场景，可作为虚拟旅游景点、虚拟游戏地图对 IP 产业链进行进一步延伸，深度开发 IP 价值，延长生命周期。

　　未来元宇宙内容将集齐四大特征：沉浸式、交互性、更多维度的感官体验、经济体系。当人类"穿梭"于现实与元宇宙多维空间进行信息交流与互动时，信息传播的容量、效率、效果与维度必将呈爆炸式增长，进而重塑并赋予人类社会关系更多的价值和意义。在传统互联网中，交互的内容/对象基本上都是由真实的人（软件工程师、创作者等）设计与渲染出来的；但在元宇宙时代，人工智能生成内容，是元宇宙概念下的一大新增生产要素，人工智能会大量存在于供给、需求的各个环节，体现如下。

　　人工智能生产的内容可以满足大量实时交互的需求。与互联网时代的被动消费内容不同，元宇宙中用户会更加积极地参与叙事，增加情感的投入，以此产生大量实时交互的需求，在强大的算力支撑下，元宇宙重塑了内容的生成与叙事方式。

　　人工智能生产的内容可以满足沉浸式交互需求。元宇宙的互动是动态、身临其境的，尤其涉及观众可以与之交互的角色时，用人工智能技术提供交互式叙事已经成为一大趋势。人工智能技术驱动的内容创作能够减少媒体制作与后期制作的成本，缩短制作时间，给创作者提供全新的数字体验。

15.3.3　人工智能驱动的虚拟数字人丰富元宇宙的体验

　　虚拟数字人目前在各行业应用广泛，在教育行业，使用虚拟数字人技术录制课程；在广电行业，使用虚拟数字人技术进行一些主持工作；在医疗行业，使用虚拟数字人进行导医服务；在游戏行业，根据用户的语言习惯、操作规则、审美偏好等，定制智能虚拟主播等。国内虚拟网红行业发展火爆，哔哩哔哩网站上每个月都有上千个虚拟主播开播。通过构建虚拟员工、虚拟主持人等角色，可以提供 7×24 小时的服务，减轻人工重复录制视频的工作，提高营业效率，大幅降低整体人力成本。根据 2021 年《虚拟数字人深度产业报告》估计，到 2030 年我国虚拟数字人整体市场规模将达到 2700 亿元，迎来广阔的应用空间。该报告将虚拟数字人划分为"身份型"和"服务型"两类，前者的市场规模预计为 1750 亿元，而后者的市场规模将超过 950 亿元。

虚拟数字人有两种创造方式。

① 虚拟创造一个现实世界中不存在的数字人。

② 通过现实世界中的人去生成一个虚拟化身或虚拟分身。

生成虚拟数字人的两个方式是 CG（computer graphics，计算机图形学）建模、人工智能驱动。

在视觉表现层面，用三维建模/CG 技术做出从外形、表情到动作都 1:1 还原真实的人，让虚拟数字人更像人。早期三维动画、科幻电影、游戏中的虚拟人物可被认为是初级形态，主要靠动画师或建模师将人物一笔笔、一帧帧画出来，在完成原画建模与关键点绑定后，还将运用到实时渲染、真人动作捕捉等相关技术。但这样做通常成本高昂、耗费时间长。以游戏为例，考虑到用户设备的显卡运算能力，传统流程制作出的游戏角色仍与真人在细节上有一定差距；再如影视领域，环球影业聘请视效公司 Weta Digital（现已被 Unity 收购）运用 CG 等技术还原已去世的保罗在《速度与激情 7》中的演绎，相关渲染成本增加了约 5000 万美元。

通过人工智能生成虚拟数字人，具体又细分为两种：一是在最初以三维建模/CG 技术将虚拟数字人尽可能逼真地绘画出来，后续虚拟数字人的语音表达、面部表情、动作由人工智能深度学习模型的算法进行驱动；二是建模与驱动均基于人工智能算法。因此，虚拟数字人有如下 3 种存在形式：

① 建模与驱动均靠人力运用传统的三维建模/CG 技术（花费的时间与成本巨大）；

② 最初的形象建模靠人工，后续驱动靠人工智能；

③ 形象建模与后续驱动均靠人工智能（使用人工智能可以大幅降低工作量与制作成本）。

15.3.4 人工智能与数字孪生

数字孪生能够使元宇宙和现实世界相互影响。其中任何一方的变化都会导致另一个世界产生相应的变化。

数字孪生是对物理实体或系统具有高度完整性的数字"克隆"，并能够与物理世界实现实时交互。想要实现数字孪生对物理世界的所有功能，则需要大量地读取数据、处理数据及分析数据，在这个过程中，人为的操作无疑是低效的。因此，有必要将这个过程自动化，而深度学习技术可以训练机器自动从大量复杂的数据中提取有效信息，并进行分析和处理。因此，深度学习在促进数字孪生的实施方面具有巨大潜力。有研究提出了一个通用的可应用于数字孪生的深度学习算法。在训练阶段，来自元宇宙和物理世界的历史数据融合在一起，用于深度学习训练和测试。如果测试结果符合要求，那么将实施自动化系统。在实施阶段，来自元宇宙和物理世界的实时数据将被融合以进行模型的推理。

15.3.5　人工智能加快元宇宙产业链构建

尽管出现了众多的声音和各自不同的看法，但是毫无疑问，元宇宙这一个本来虚拟的概念，正在带动真实世界产业的发展。人工智能贯穿元宇宙整条生态链，从内容生产、分发到应用全过程，在加速内容生产、增强内容呈现，以及提升内容分发和终端应用效率等方面起着至关重要的作用。但由于人工智能技术商业化落地缓慢，很多技术普遍应用场景只停留在像车牌号识别、人脸识别、内容推荐以及智能客服等基础服务中，这也间接导致技术研发和落地的困难，而元宇宙的出现，会不会打破这些瓶颈？虽然在现实世界中元宇宙的实际应用场景还有待拓展，但近几年的元宇宙仍颇有燎原之势，相关产业链的诸多环节都带给市场无尽的想象空间。

众所周知，社交媒体巨头 Facebook 已改名为"Meta"，即元宇宙 Metaverse 的前缀。该公司创始人扎克伯格曾表示，改名后的 Meta 未来几年将从一家社交媒体公司转变为元宇宙公司。随后，无论是在国内还是国外，都掀起一阵讨论元宇宙的热潮。并且 Meta 在 2022 年 1 月 25 日对外宣布了其在打造人工智能超级计算机方面的最新进展，这台超级计算机名为"人工智能 Research SuperCluster"（简称 RSC），是近两年的研发成果。该人工智能超算项目由 Meta 母公司的人工智能和基础设施团队领导，合作伙伴包括业内较大的几家公司，比如英伟达、Penguin Computing 和 Pure Storage，并有望很快成为世界上最快的人工智能超级计算机之一。扎克伯格表示："我们为元宇宙构建的体验需要巨大的算力，而 RSC 将使新的人工智能模型能够从数万亿的例子中学习，理解数百种语言。"

15.4　小　　结

人工智能是连接现实世界与元宇宙的重要桥梁，作为元宇宙六大技术支柱之一的人工智能，无论是在计算机视觉、机器学习方面，还是在自然语言处理和智能语音方面，人工智能都是元宇宙重要的组成部分和关键技术引擎之一。它与元宇宙切口高度重叠，有了这些人工智能技术的持续加持，元宇宙未来才会有从概念到场景化的落地。元宇宙的发展离不开人工智能相关技术的大力支持。数据、算法和算力是人工智能的三大核心要素：数据是人工智能发展的基石和基础，算法是人工智能发展的重要引擎和推动力，算力则是实现人工智能技术的一个重要保障。

元宇宙拓展阅读

思 考 题

15.1　什么是元宇宙？元宇宙能够解决什么问题？

15.2　简要阐述元宇宙出现的原因。

15.3　元宇宙的六大技术支柱是什么？

15.4　元宇宙与人工智能有何联系？

15.5　在元宇宙的发展中，人工智能主要起到了什么作用？

第 16 章
人工智能发展趋势

随着科技的进步和产业变革的加速演进，人工智能技术已成为各国必争的科技创新高地。放眼全球，在机构、企业、政府等各个层面，人工智能都受到高度重视，被认为是新基建的重要支撑，可以带来"新基遇"。

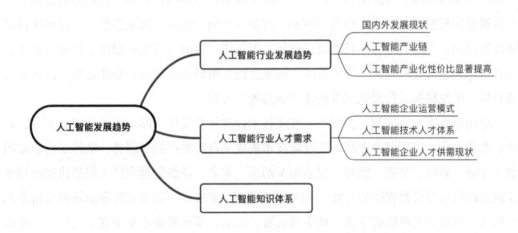

16.1　人工智能行业发展趋势

16.1.1　国内外发展现状

人工智能是一个很宽泛的概念，概括而言是对人的意识和思维过程的模拟，利用机器学习和数据分析方法赋予机器类人的能力。人工智能将提升社会劳动生产率，特别是在有效降低劳动成本、优化产品和服务、创造新市场和就业等方面为人类的生产和生活带来革命性的转变。据 Sage 预测，到 2030 年人工智能的出现将为全球 GPD 带来额外约 14% 的提升，相当于约 15.7 万亿美元的增长。

国内人工智能产业市场规模保持高速增长，行业景气度高。据艾瑞咨询预测，2026 年人工智能核心产业规模预计超过 6000 亿元，带动产业规模预计为 21077 亿元。人工智能产业高景气度和潜在的巨大发展空间将会为整个产业链提供良好的发展基础。

16.1.2　人工智能产业链

总体来看，人工智能行业可分为基础层、技术层和应用层。

基础层提供算力，主要包含人工智能芯片、传感器、大数据及云计算。其中人工智能芯片具有极高的技术门槛，且生态搭建已基本成型。目前该层级的主要贡献者是英伟达、Mobileye 和英特尔在内的国际科技"巨头"。中国企业在基础层的实力相对薄弱。

技术层解决具体类别问题。这一层级主要依托运算平台和数据资源进行海量识别训练和机器学习建模，开发面向不同领域的应用技术，包括语音识别、自然语言处理、计算机视觉和机器学习技术。科技"巨头"谷歌、IBM、苹果、阿里巴巴、百度都在该层级深度布局。中国人工智能技术层在近年发展迅速，目前发展主要聚焦于计算机视觉、语音识别和语言处理领域。除了百度、阿里巴巴、腾讯在内的科技企业之外，出现了商汤科技、旷视科技、科大讯飞等诸多"独角兽"公司。

应用层解决实践问题，使用人工智能技术针对行业提供产品、服务和解决方案，其核心是商业化。应用层企业将人工智能技术集成到自己的产品和服务，从特定行业或场景（金融、安防、交通、医疗、制造等）切入。未来，场景数据完整（信息化程度原本比较高的行业或者数据洼地行业）、反哺机制清晰、追求效率动力比较强的场景或将率先实现人工智能的大规模商业化。从全球来看，Meta、苹果将重心集中在了应用层，先后在语音识别、图像识别、智能助理等领域进行了布局。得益于人工智能的全球开源社区，这个层级的门槛相对较低。

16.1.3　人工智能产业化性价比显著提高

人工智能产业化成本与开发门槛逐步降低，大型语言模型成为热点趋势。人工智能产业化性价比显著提高：从行业角度看，在人工智能模型表现进步的同时，训练成本在逐步降低。自 2018 年以来，以图像分类为例。训练图像分类系统的成本下降了约 63.6%，而训练次数提高了约 94.4%，这将有效促进人工智能产业化落地。

16.2 人工智能行业人才需求

16.2.1 人工智能企业运营模式

人工智能企业运营模式差异较大，不同类型的人工智能企业对人才的培养和校企合作的方式也不相同。从企业掌握的核心技术与提供的产品和服务分析，运营模式可以分为以下 3 类。

1. 构建智能生态

构建智能生态是指以探索级和前沿级大型数字化企业为主，如阿里巴巴、腾讯和百度，有雄厚的人工智能技术积累和强大的算法、框架研发能力，通过搭建平台为合作伙伴提供人工智能技术，将算法优势应用到具体业务场景，建立智能生态。

2. 自上而下寻找应用场景

自上而下寻找应用场景是指在已有技术或硬件的基础上，通过探究其潜在的应用领域和需求来寻找实际应用场景。

3. 自下而上提升技术能力

自下而上提升技术能力是指通过对技术细节的理解和优化来提高技术的性能和可靠性，从而为技术应用提供更好的支持和保障。

16.2.2 人工智能技术人才体系

人工智能企业的技术岗位体系差异较大，不同运营模式的人工智能企业往往采取不同的技术岗位体系，目前企业主要有如下 3 种人才体系。

1. 研究型技术体系

探索级和前沿级的大型数字化企业通常设置算法研发类和算法开发类岗位：算法研发类岗位负责人工智能基础理论的探索与算法研发、优化等工作，算法开发类岗位则针对具体业务场景给出恰当的算法解决方案。

2. 新型技术体系

人工智能"头部"企业，需要将人工智能技术应用到多个业务场景，其技术岗体系采用人工智能算法研究团队和算法工程团队的结构。知识工程团队提供不同行业的业务数据并协助建立训练模型，算法研究团队结合应用场景进行算法适配，算法工程团队结合业务场景进行算法实现。

3. 传统应用开发技术体系

应用级软件和信息技术服务企业通过积累的行业经验为用户提供人工智能解决方案，采用人工智能架构师、人工智能项目经理、人工智能算法工程师的技术体系，与传统的首席技术官、项目经理、开发工程师的组织架构类似。

16.2.3 人工智能企业人才供需现状

目前我国人工智能技术人才缺口主要来自3个方面：第一个方面是非常缺少能够推动人工智能前沿技术与基础理论发展的顶尖人才；第二个方面是缺少能够将人工智能前沿理论同实际算法模型相结合的人才；第三个方面是缺少能够将人工智能技术与行业需求相结合的人才。第三个方面的人才缺口最大。

人工智能的技术发展趋势，使企业的业务系统更加智能化，这将极大地加速企业的数字化转型进程。随着人工智能技术不断在业务场景中进行应用，越来越多的企业意识到对数据的处理能力是核心竞争力。数据结构化工作日益受到重视，未来对知识工程类人才的需求将大大超过对人工智能其他技术人才的需求。

16.3 人工智能知识体系

人工智能是一个庞大的家族，包括众多的基础理论、重要的成果及算法、学科分支和应用领域等。根据智能系统的难易程度，可将人工智能知识体系划分为问题求解、知识与推理、学习与发现、感知与理解4个知识单元，如表16.1所示。

表 16.1 人工智能知识体系

知识单元	相关学科	研究方向	描述	成果及算法
问题求解	图搜索	启发式搜索	在问题空间中进行符号推演	A*搜索算法
	优化搜索	智能计算	以计算方式随机进行求解	遗传算法、粒子群优化算法
知识与推理	知识表示 知识图谱	一阶谓词逻辑、描述逻辑、产生式系统框架	知识表示可看成一组描述事物的约定，把人类知识表示成机器能处理的数据结构	WordNet、资源描述框架（resource description framework，RDF）、医学知识图谱、统一医学语言系统（unified medical language system，UMLS）

知识单元	相关学科	研究方向	描述	成果及算法
学习与发现	机器学习	有监督学习	通过训练数据集学习到一个模型，然后用这个模型进行预测	决策树、SVM
		无监督学习	学习目标并不十分明确	聚类、关联分析、k 近邻算法
		深度学习	DCNN 训练算法	CNN、全卷积网络（fully convolutional network，FCN）、GAN
		强化学习	强化学习解决智能决策问题，需连续不断地做出决策才能实现最终目标的问题	DeepMind AirSim
		迁移学习	利用从任务中学到的知识，在只有少量标记数据可用的设置中，大量标记数据	图像数据的迁移学习、语言数据的迁移学习
	知识发现数据挖掘	属性规约、序列分析、关联分析、分类	从大量的、不完全的、有噪声的、模糊的、随机的实际应用数据中，提取隐含在其中的，人们事先不知道的，但又潜在有用的信息和知识的过程	提供预测性的信息
感知与理解	自然语言处理	分词、实体识别、实体关系识别	识别出具体特定类别的实体。例如人名、地名、数值、专有名词等以及它们之间的关系	机器翻译、智能问答系统、聊天机器人
		文本分类、自动文摘	自动提取出关键的文本或知识	
		情感分析、问答系统	自动提取出关键的文本或知识的分析、处理、归纳和推理的过程	
	机器视觉	图像生成、图像处理、底层视觉、高层视觉	由底层视觉提取对象特征，通过机器学习理解视觉对象	图像识别、图像目标检测、图像理解

16.4　小　　结

　　人工智能作为新一轮产业变革的核心驱动力，将进一步创造新的引擎，重构生产、分配、交换、消费等经济活动各环节，催生新技术、新产品、新产业、新业态、新模式。未来，人工智能将加速与其他领域、学科交叉渗透，将向人机混合协同发展，会有更加自主的系统。随着各行各业对人工智能的需求越来越大，人工智能也会加速与行业深度融合。例如人工智能强大的计算能力可以帮助科学家解决数学难题，升级的人工智能自助系统可以帮助人类到深海海底、宇宙空间站进行工作，人工智能与大数据、云计算等学科结合可以帮助人类进行政策制定等社会管理工作。

人工智能发展趋势拓展阅读

思 考 题

16.1 如何看待人工智能发展是时代的导向？

16.2 人工智能的未来发展趋势是怎样的？

16.3 人工智能的发展会对我们的生活产生哪些影响？

16.4 论述新发展阶段下我国人工智能产业人才的培养。

参考文献

[1]   王万良.人工智能导论[M].4 版.北京:高等教育出版社,2020.

[2]   尚文倩.人工智能[M].北京:清华大学出版社,2017.

[3]   阳翼.人工智能营销[M].北京:中国人民大学出版社,2019.

[4]   莫宏伟.人工智能导论[M].北京:人民邮电出版社,2020.

[5]   陈华.人工智能数学基础[M].北京:电子工业出版社,2021.

[6]   陈亚敏,程露颖,郑卿勇,等.人工智能与神经科学研究主题分析[J].兰州大学学报（医学版）,2022,48(03):59-65.

[7]   王东云,刘新玉.人工智能基础[M].北京:电子工业出版社,2020.

[8]   北京智源人工智能研究院.智源人工智能前沿报告[R].北京:北京智源人工智能研究院,2021.

[9]   贾可荣,张彦铎.人工智能[M].3 版.北京:清华大学出版社,2018.

[10] 丁世飞.人工智能[M].北京:清华大学出版社,2011.

[11] 刘鹏.知识表示与处理[M].北京:电子工业出版社,2021.

[12] 王万良.人工智能通识教程[M].北京:清华大学出版社,2020.

[13] 史忠植,王文杰,马慧芳.人工智能导论[M].北京:机械工业出版社.2019.

[14] 鲍军鹏,张选平.人工智能导论[M].2 版.北京:机械工业出版社,2020.

[15] 曹承志,杨利.人工智能技术[M].北京:清华大学出版社,2010.

[16] 佘玉梅,段鹏.人工智能原理及应用[M].上海:上海交通大学出版社,2018.

[17] 刘世芳.Python 在人工智能上的应用[J].产业科技创新,2019,1(25):33-34.

[18] 赵卫东,董亮.机器学习[M].北京:人民邮电出版社,2018.

[19] 贾壮.机器学习与深度学习算法基础[M].北京:北京大学出版社,2020.

[20] 高彦杰,于子叶.深度学习：核心技术、工具与案例解析[M].北京:机械工业出版社,2018.

[21] 李金洪.深度学习之 TensorFlow：入门、原理与进阶实战[M].北京:机械工业出版社,2018.

[22] 高敬鹏.深度学习：卷积神经网络技术与实践[M].北京:机械工业出版社,2020.

[23] 谈继勇.深度学习 500 问：AI 工程师面试宝典[M].北京:电子工业出版社,2021.

[24] 涂铭,金智勇.深度学习与目标检测：工具、原理与算法[M].北京:机械工业出版社,2021.

[25] 姬壮伟.基于 pytorch 的神经网络优化算法研究[J].山西大同大学学报（自然科学版）,2020,36(06):51-53+58.

[26] 李玉鑑,张婷,单传辉,等.深度学习：卷积神经网络从入门到精通[M].北京:机械工业出版社,2018.

[27] 廖茂文,潘志宏.深入浅出 GAN 生成对抗网络:原理剖析与 TensorFlow 实践[M].北京:人民邮电出版社,2020.

[28] 章毓晋.图像处理和分析教程[M].2 版.北京:人民邮电出版社,2016.

[29] 秦志远.数字图像处理原理与实践[M].北京:化学工业出版社,2017.

[30] 余晓娜,黄亮,陈朋弟.基于 Segnet 网络和迁移学习的全景街区影像变化检测[J].重庆大学学报,2022,45(11):100-107.

[31] 单建华.卷积神经网络的 Python 实现[M].北京:人民邮电出版社,2019.

[32] 方滨兴.人工智能安全[M].北京:电子工业出版社,2020.

[33] 赵学武,吴宁,王军,等.航空大数据研究综述[J].计算机科学与探索,2021,15(06):999-1025.

[34] 中共中央国务院.黄河流域生态保护和高质量发展规划纲要[J].中国水利,2021(21):3-16.

[35] 国家统计局.2019 中国统计年鉴[M].北京:中国统计出版社,2019.

[36] 王军.新一代信息技术促进黄河流域生态保护和高质量发展应用研究[J].人民黄河,2021,43(03):6-10.

[37] 王军.黄河流域空天地一体化大数据平台架构及关键技术研究[J].人民黄河,2021,43(04):6-12.

[38] 王军,高梓勋,朱永明.基于CNN-LSTM模型的黄河水质预测研究[J].人民黄河,2021,43(05):96-99+109.

[39] 清华大学人工智能研究院.人工智能发展报告 2011-2020[R].中国人工智能学会,2021.

[40] 《中国信息化年鉴》编委会.中国信息化年鉴 2017[M].北京:电子工业出版社,2018.

[41] 中国智能交通协会.中国智能交通行业发展年鉴（2017）[M].北京:电子工业出版社,2018.

[42] 赵光辉.重新定义交通：人工智能引领交通变革[M].北京:机械工业出版社,2019.

[43] 秦勇,马小平,黄爱玲,等.中国战略性新兴产业研究与发展：智慧交通[M].北京:机械工业出版社,2021.